JN180811

知能と人間の進歩

遺伝子に秘められた人類の可能性

ジェームズ R. フリン
無藤隆・白川佳子・森敏昭 訳

新曜社

INTELLIGENCE AND HUMAN PROGRESS
The Story of What was Hidden in our Genes
by James R. Flynn
ISBN:978-0-12-417014-8

This edition of INTELLIGENCE AND HUMAN PROGRESS by James R. Flynn
is published by arrangement with Elsevier Inc., a Delaware corporation
having its principal place of business at 360 Park Avenue South,
New York, NY, 10010, USA through The English Agency (Japan) Ltd.

本書をスティーヴン・ピンカーに捧げる。
彼は私の決意をこれほど強いものにしてくれた。

大佐夫人もジュディ・オグラディ（売春婦）も、一皮剥けば同じ人間

キップリング（1986）

謝　辞

本書を捧げるスティーヴン・ピンカーには、もちろん、本書のいかなる瑕疵にも責任はない。アーサー・ジェンセンは２章で重要な役割を果たしているが、近年亡くなった。なんと大きな損失だろう。彼は私の考えの鋭い批評家であり、常にレトリックよりも証拠を重視する人であった。私は彼の掛け替えのない役割に感謝したい。いったい誰が彼に代わりうるだろうか？

目　次

装幀＝新曜社デザイン室

図表一覧

＊図

＊表

1章　私たちの遺伝子と私たち自身

遺伝子は私たちの生き方にどれほどの影響を及ぼすのだろうか。このテーマに取り組むには、これまでの私自身の研究から得られたデータを整理しなおす必要があるだろう。これは重要なテーマであるのに、私はこれまで体系的に論じたことがなかった。本書は一般の読者の方々に向けて書かれている。そのため明快な表現を心がけたが、妥協はしていない。専門家の方々には、2章の新しいデータと資料が、理論を明晰にする助けになると思う。また、5章の新しい方法についての解説は、家庭環境の影響の弱化を測定する従来の親族研究の方法の限界を乗り越えるのに役立つはずである。

「遺伝子が人を生まれつき暴力的にしている」とか、「人は本来的に不合理である」とか、さらには「凡人が人類・社会の進歩に貢献をすることはありえない」といった類の、過度に一般化された主張を聞いたことがあるだろう。こういう主張はたいてい、人類あるいは個々人の進歩の可能性を否定するなかで持ち出される。そこで本書では、歴史的事実に照らして、これらの主張の検証を試みる。もし私たち人類が、実際には昔よりも理性的になったり、道徳的になったり、いわゆる遺伝子の制約を乗り越えて社会に貢献したりしてきたことが明らかになれば、それは遺伝子にはこれらの進歩を妨げる力はないことを意味している。私たちは、ともすれば遺伝子は進歩を拒否すると考えがちであるが、実際には遺伝子は、知性や道徳的正義を可能性の限界まで進歩させるよう、私たちに力を与えてきたのであり、その限界を、まだ私たちは知らないのである。魂を売り渡す一番手っ取り早い方法は、「できるはずがない」と言い続けることである。

もちろん、遺伝子に強い力があるのは確かな事実である。遺伝子は私たちの生活史に強力な影響力を及ぼす。しかし、遺伝子の影響力は私たち人類が真理や善を愛する方向を選び取り、遺伝子が固定化していると「される」、私たち人類の人間性のヒエラルキーの位置を越えて進むのを妨げるほどに強いわけではないのである。特に、ここ1万年の間に、人間性に関する集合的遺伝子は、「暴力と力こそ正義」という考えを好む傾向から脱却し、私たち人類に合理的判断と道徳的行動を促す方向に向けて目覚ましい進化を遂げた。私はこれら2つの傾向を「認知的進歩」「道徳的進歩」と名づけ、両者がどのように関連するのかを示していくことにする。遺伝子の進化を通して、人類の「飼い慣らし」が進行してきた。私たち人類は、より大きな社会の中で生活するようになったのに伴って、自らの遺伝子を飼い慣らしてきた（ちょうど家畜を飼い慣らすように）。私たちの行動がより平和的になったのに伴って、女性による男性の「飼い慣らし」が広がってきた。権力のバランスが女性へと移行するにつれて、男性の暴力がより効果的に「飼い慣らされて」きたのである。

1-1　本書の構成

驚きは細部にある。2章では、知能検査の得点上昇が「見せかけ」にすぎないという主張を批判し、人類は認知的に進歩していることを示す。成人と子どもについての新しいデータは、そのことを納得させる十分な証拠となるだろう。また、主として専門家の関心に応えるために、付録Aにその背景となるデータを付加しておいた。3章では劣生学と優生学について述べる。つまり、最近の交配の傾向のため人間の遺伝子の質が劣化し、そのため苦労して手に入れた進歩が、次の数世代のうちに消失してしまうだろうという主張である。この章ではまた、カンボジアのポル・ポト政権のような近代の歴史上最悪の出来事が、さまざまな国家において、認知的進歩のための遺伝子を劣化させてしまったのかどうかについても検討する。

4章では、道徳的進歩について概観する。私たち人類は暴力や虐待を減じ、人間性へと向かって進歩してきたが、その際に認知的進歩が道徳的進歩を促進するのに果たした役割に焦点を当てる。そして最後に、21世紀に取り組むべき重要な課題を提起する。人類の理性と道徳性の結合の仕方によっては、進化してきた国際社会を根本から覆しかねない課題のいくつかを、解決できないかもしれない。

5章では、個人の生活史における遺伝子の役割について概観する。家庭環境は、良くも悪くも、遺伝子と環境の適合を妨げる働きをする。しかしながら、家庭環境の影響は17歳から25歳くらいまでに消失する。したがってその時点では、認知的能力がどのレベルであっても、集団の達成としての遺伝と環境の適合性は希薄である。ただし、このことは個人の心がポジティブまたはネガティブな環境の影響を受けないことを意味しているわけではない。私たちの知的能力は、生きていれば常に種々の衝撃にさらされるし、自分の運命や生き方をめぐって考える際には、個々人の自由意志の影響を受ける。しかし、新しい巧妙な方法によって、家庭環境の影響が消失する年齢を測定することができるのである。5章の最後の付録Bに、その計算方法について詳しく解説しておいた。専門家でない一般読者の方も、興味があれば読んでいただきたい。

最後の章では、この序論で述べることを再び、より詳細に述べる。それは、私の研究のテーマを強調することになる。すなわち私たちは人間の心や人格を、それらが凍結されていると見なす傾向を脱して、いかなる社会であれ、そこに適応するものとして評価するべきなのである。なお、私自身の研究が本書の土台をなしているので、馴染みのない人たちのために、以下本章で、私の研究（Flynn, 2009, 2012）の概要を示しておこう。

1-2　時代に伴う、集団としてのIQの大幅な上昇

人類の知能検査の得点記録は、ハーバード法科大学院に入学できるかどうかの測度という以上の意味を持っている。それは、私たちが単純な社会から現代の複雑な社会への変化にいかに適応してきたかを示す、貴重な資料だからである。人間社会は、主として日常生活の具体的問題を解決すること（実用主義的態度）が求められる社会から、物事を分類したり、抽象的概念を分析したり、仮説的状況に対応すること（科学的態度）が求められたりする社会へと変化してきた。そして私たちは今、認知的進歩の世紀を生きている。科学技術が進歩し道路が改善されたのに伴って車が変化したのと同様に、私たちの心もまた、現代の学校教育や産業革命の影響で変化したのである。

破壊された文明の調査をするために火星人の考古学者が地球にやってきたとしよう。彼は、1865年、1918年、1998年に実施された射撃技能検査の記録を見つけた。おそらくその検査は、鋭い視力、安定した射撃の技量、銃の優れた制御能力の持ち主を選別する目的で実施されたのであろう。ところが、信じられないことに、それぞれの時代の射撃手の平均的な技量が、1分ごとの射撃数を指標にして比較すると、時代とともに、1弾、5弾、50弾と、飛躍的に増加していることがわかった。もちろんこの射撃数の増加は、それぞれの時代に使用された武器が火縄銃から連発式ライフル銃、機関銃へと進歩したことの反映に外ならない。ここで道具よりももっと複雑なものについて想像をめぐらしてみよう。いかにして人間の心は、機械的道具の助けなしに、私が「新しい心の習慣」と呼ぶものによって、知能テストでずっと良い成績をあげられるよう変化したのだろうか。いかにして人間の心は、物を分類したり、仮説的状況を深く理解したり、抽象事象について論理的に考えたりする知能検査で良い成績をあげるのに必要な技能を備えたのだろうか。

ロシアの心理学者ルリヤが1920年代に産業化以前のロシア農民を対象に面接調査を行った際に、この問いに対する答えを見出した。なぜなら当時のロシア農民は、分類をしなかったからである。つまり、ルリヤが魚とカラスの共通点は何かと尋ねたところ、彼らはそれが動物であるとは答えずに、「魚は泳ぎ、カラスは飛ぶ。魚は食べることができるけれど、カラスは食べることができない」と答えたのである。要するに農民たちは事物を現実世界の中での具体的な行為の対象として捉えており、用途が異なる事物をひとまとめにすることができなかったのである。したがって、1900年にウサギとイヌの共通点は何かと尋ねれば、当時の人々はウサギを狩るためにイヌを用いると答えたに違いない。なぜならウサギとイヌがどちらも哺乳動物であるという事実は、彼らにとってはたまたまそうであるにすぎず、気づくに値しないことだからである。また、ロシア農民たちは仮説的な事柄を十分に理解していなかった。ルリヤが農民たちに、「仮にドイツにラクダがいないとすると、ドイツのとある市にはラクダがいるだろうか」と尋ねたところ、彼らは「その市が十分に大きければラクダはいるに違いない」と答えた。また、ルリヤが彼らに「雪が降る地域ではどこでもクマは白い」、「北極圏には雪が降る」、「北極圏のクマは何色だろうか」というような仮説的推論に関する質問をすると、彼らの思考は具象世界の経験に深く根ざしているので、「茶色のクマ以外は見たことがない。しかし、北極からやって来た信頼できる証言者の言葉なら信じるかもしれない」と答えた。そして農民たちは、とうとう業を煮やして、「現実の問題でない質問にどう答えたらよいのか？」とルリヤに尋ねたのである。

私たちは、分類や仮説的推論や抽象的事象についての論理的思考を当然のことと見なしている。では、こうした人類が新しく獲得した「心の習慣」は、現代社会において、いったいどのように機能しているのだろうか。

教育は、数年の初等教育だけの時代から、ほとんど誰もが高校を卒業し、米国人の半数以上がそれ以上の教育を受ける時代へと拡大した。加えて教え方も変化した。1910年には、初等教育の最後にテストを受けたが、それはほぼ全部が、社会が価値をおく具体的な物事についてであった。たとえば、当時の44州の州都はどこか？　しかしながら1990年までに、同じ子どもたちが、論理的につながった抽象的な概念を結びつけるよう求められるようになった。たとえば、州の最大都市がしばしば州都でないのはなぜか？　地方の州の政治家たちは大都市嫌いで、郡の主都を選択したからである。ニューヨークでなくアルバニー、フィラデルフィアでなくハリスバーグ、バルティモアでなくアナポリスなど。言うまでもないことであるが、現代科学を教えるすべてのコースは、科学的態度を前提としている。すなわち分類し、仮説を作り、抽象的概念を論理でつなぐのである。

仕事の内容も近代化した。昔は専門職（医師）または準専門職（教師）として働くアメリカ人は、わずか3％にすぎなかった。ところが今では、それらの職業に従事している人は、少なく見積もっても35％に達している。このことは概念的・抽象的な思考が必要な仕事が増えただけでなく、仕事の内容が高度化したことも意味している。たとえば1900年の銀行家と現代の投資銀行の銀行家を比較してみよう。現代の銀行家は、コンピュータ、金融市場、負債から資産への転換など、昔の銀行家には信じられないくらいに多様な専門的知識を有して金融界を闊歩している。昔の農夫と今日の農場主もしかりである。1900年の直感力に頼る医師を今日の科学的知識に基づいて医療を行っている開業医と比較すれば、とても医療専門家とは言えない。これから見ていくように、道徳的な議論も高度化した。私たちは、ほとんどすべての人々が原則を、それがどれほど残忍なものであっても、変更不可能な具体的な対象と見なしていた段階（汝、魔女が生きることを許すべからず）から、人々が論理的思考によって修正可能な普遍的原理に基づいて道徳的判断をする段階へと移行してきた。たとえば、肌の色が黒いがゆえの差別と正義の信念とが、はたして両立可能だろうか？

現在までに、世界中の約30ヵ国にも及ぶIQのデータが集積されている。そのデータによれば、産業革命が起こった国ではその直後、IQが上昇し始めている。実際、生年月日が判明しているデータのおかげで、英国では1872年以降、急激にIQが上昇したことがわかっている。

産業革命は教育水準の高い労働力を必要とする。そのことはエリート階層だけでなく、一般労働者も同様である。そのため平均的な労働者の学歴が、小学校卒から高校卒、大学卒へと上昇する。加えて女性が労働力市場に参入する。生活水準が向上し、そのことがより良い脳を育てる。家族のサイズが小さくなり、大人の言葉が家庭の言語環境の中心となり、現代的な育児が普及する（子どもの教育に対する潜在能力を高める）。仕事の内容が肉体労働中心の単純作業から頭を使う内容に変わり、そのことが人々の脳を鍛える。余暇が疲労回復というよりも、認知的要求の高い活動のために費やされるようになる。映画のような映像文化が発展し、抽象的なイメージが私たちの心を占めるようになり、人々は世界を単に記述するのではなく、その可能性を「思い描く」ことができるようになる。

上に述べてきたことのすべてが、この100年から150年の期間に起きたのである。その期間に、社会の産業化が始まり、急激なIQ上昇の局面に入り、その後は次第に先細りになっていった。遅かれ早かれ教育は広く行き渡り、十分となる。家族のサイズはもうこれ以上小さくはならないだろう。余暇は多くの認知的要求の高い活動と映像がこれ以上はないほどつめこまれ、これ以上雇用を増やしてももはやエリートの仕事を生み出さなくなる。かくして、急激なIQ上昇は終焉を迎えるのである。先進諸国の中には、他の国に先駆けて、このプロセスを経験する国があるかもしれない。

たとえば、英国は1850年に、中国は約1世紀後に、この上昇プロセスに入った。教育と福祉が高度に発達した社会の恩恵に浴している北欧諸国の中には、すでに頂点に達した国があるかもしれない。もしそうであれば、それらの国のIQ上昇はすでに終わったかもしれない。それほど先進的ではないアメリカ、英国、ドイツのような国や、日本、中国、韓国のような東アジアの国は、まだIQ上昇の段階にある。アルジェリア、ブラジル、トルコ、ケニアなどの発展が開始した、または発展途上にある国は、急激なIQ上昇の段階に入ったばかりである。そして世界のほとんどの国々は、まだ低迷状態にあると言えるだろう。

さて、最後に残しておいた重要なポイントの説明を始めることにしよう。私に認知的進歩の歴史に関する本を著すよう促したのは、知能検査の記録である。ではこの記録は、近代化への心の適応について、いったい何を証言しているのだろうか。まずは事実の確認をし、次に、事実の解釈を述べることにする。IQ上昇の段階にあるすべての国で、2種類のテストにおいて急激な得点上昇が生じた。すなわち、現在の平均的な知能水準の人が標準的な知能検査であるウェクスラー知能検査やスタンフォード・ビネー知能検査を受けると、100年前の基準に照らせばIQ130になる。逆に当時の平均的な知能水準のIQは、現在の基準に照らして換算すればIQ70に相当し、これは精神遅滞との境界のIQである。もちろん彼らは精神遅滞だったわけではない。単に彼らは、当時の具体的問題を処理するのに近代的な「心の習慣」を必要としなかっただけのことである。同様に現在の平均的な知能水準の人がレーヴン漸進的マトリックス検査を受けると、100年前の基準に照らせばIQ150になり（彼らの生年月日に基づく推定であることをお忘れなく）、逆に当時の平均的な知能水準のIQは、今日の基準に換算するとIQ50に相当する。

ウェクスラー知能検査の下位検査の中で最も得点上昇が大きい下位検査は、次の4種類である。第1は類似課題で、これは被検者に事物の分類をさせる問題である。第2は分析課題で、これは被検者に積木や対象物を材料にして特定の模様を作る方法を論理的に分析させる問題である。第3は図形課題で、これは被検者に図形の欠けた部分を探させたり、絵を用いて物語を作らせたりする問題である。第4は単語課題で、教育の成果として大人は得点がぐっと高い。もっとも、最近では子どもたちが学校教育の成果として獲得する語彙量はそれほど増加していないので、単語検査の得点上昇はわずかになってきている。

同様に重要なのが、レーヴン知能検査もウェクスラー知能検査における最も得点上昇が大きい下位検査と肩を並べて、得点上昇が顕著なことである。これは抽象性が高い記号の論理的な配列に気づくことが求められる問題で、実際には類推の問題である。フォックスとミッチャム（Fox & Mitchum, 2013）は、世代が進むにつれて前の世代よりも成績を良くしたものは何かを、的確に評価している。

100年前のアメリカ人が現実の世界に基づいて単純な類推をしていたことは疑う余地がない。すなわち、当時のアメリカ人は「飼い猫」と「山猫」の関係は「イヌ」と「何」の関係と同じだろうかという問題に対して、正しく「オオカミ」と答えることができた。1961年になると、彼らは「四角形」と「三角形」の関係は「円」と「何」の関係と同じだろうかという問題に対して、正しく「半円：三角形は四角形の半分であり、半円は円の半分である」と答えることができるようになった。そして2006年には、彼らは「円」と「半円」の関係は「16」と「何」の関係と同じかという問題に対して、図形を数字に置き換えなければならないにもかかわらず、正しく「8」と答えることができたのである。ここで注目すべきことは、各段階の類推問題の対象が、現実世界の具体物から論理に基づく推論が必要な抽象的対象へ、そして最終的には対象内容がまったく異なる高度な抽象化に向かって移行していることである。1900年の平均的な知能水準の人々が、これらすべての段階の問題に正しく答えるとは到底考えられない。しかし、現代社会に生きる私たちがレーヴン知能検査で高得点をとっても、何ら不思議はないだろう。

要約すれば、ウェクスラー知能検査とレーヴン知能検査の分析結果は一致している。要するに近代化とは、具体的世界を単純に操作して利用するだけのことからの離脱を意味しているのである。それは、事象を分類すること、論理を利用して事象を抽象化すること、図形的推論、高度な言語化を意味している。すなわち、時代とともに得点が高まった知能検査の検査項目は、認知的に同じ要求をするものであり、大きなIQ上昇は、私たち現代人が前の世代の人々とは根本的に異なる新しい「心の習慣」を、急激に獲得したことの証明なのである。

1-3 ディケンズ／フリンモデル

心理測定分野の研究者たちは、当初、IQ上昇は実世界での必要に対応する認知的能力の向上によってもたらされたとする考えに否定的であった。しかしIQ上昇の原因は環境にある。すなわち私の仮説は、環境が引き金となって、IQ上昇が引き起こされたというものである。これに対して心理測定分野の研究者たちの仮説は、環境要因の影響力は非常に微弱なので、実世界で意味を持つようなIQ上昇を引き起こすことはできないというものである。2章で詳述するように、この議論はまだ決着していない。したがって現時点では、環境の影響力は課題次第であることを指摘するに止めておくことにする（Dickens & Flynn, 2001a, 2001b, 2002）。

双生児研究では、誕生後に別々の家族によって養育された一卵性双生児の比較に焦点が当てられてきた。もし、彼らが同じIQの子どもとして育てば、それは環境の影響力は微弱であることの証明になる。逆に異なるIQの子どもとして育てば、それは遺伝子の影響力は微弱であることの証明になる。さて、その調査結果は次の通りである。彼らはランダムに選ばれたペアよりも、はるかにIQが類似していたのである。これまでのすべての親族研究において、成人期までに家庭環境の影響が次第に弱化して最終的にはゼロになることが示されている。成人のIQは、偶然の出来事（ひとりが転んで頭を打ち、もうひとりはそうでない）が起こす以上には異ならなかった。どうしてIQが昔に比べて大きく上昇しているのか、偶然の出来事がどのようにしてその上昇を引き起こすのかを説明するのは難しい。（今は転ぶ人が少ないということかもしれないが、そうだとしても、それがたとえば分析力の得点を上昇させ、算数得点を低下させる方向に働くだろうか。）そのため親族研究の研究者たちは、環境要因に賭けるのは分が悪いと結論したのである。

さて、異なる家族のもとで育った一卵性双生児に何が起こるのかを見てみよう。ここでは、バスケットボールの例を取り上げることにする。ジョーとジェリーは誕生後すぐに別々の家族のもとで育った一卵性双生児である。一方はインディアナ州のマンシーで、他方も同じくインディアナ州のテレホートで育った。ジョーもジェリーも平均より10センチほど背が高く、生まれつき動作が平均よりも少しだけ敏捷だった（反射が速い）。インディアナ州はバスケットボールが熱狂的に盛んな州なので、2人の男児は児童期になると、他の州の子どもよりも頻繁に空き地でバスケットボールをして遊ぶようになった。これは、平均よりも上の遺伝子と平均よりも上の環境の適合の始まりであり、それによって彼らのスキルと環境との間の双方向の因果関係が生じる。すなわち、平均より上のスキルと平均より上の環境の適合がスキルをさらに向上させ、そのことがさらに良い環境をもたらすという好循環が始まるのである。これは基本的にはフィードバックのメカニズムであり、ディケンズ／フリンモデルでは、このメカニズムのことを「個人的増幅器」と呼んでいる。

その後、彼らは小学校でバスケットボールのチームを作り、平均以上の良いプレイをした。彼らのスキルはさらに上達し、両者とも高校でもチームを作り、専門的なコーチについて練習を重ねた。かくして別々の家族のもとで育った一卵性双生児は、どちらも類似した高度のバスケットボールのスキルを習得したのであるが、その原因はいったい何なのだろうか？決して彼らの遺伝子が同じであることだけが原因ではなく、彼らのバスケットボール歴が非常に類似していることも関係しているのではないだろうか。親族研究の研究者は、その全原因を遺伝子に求め、バスケットボールの練習環境が類似していることはまったく考慮に入れない。しかし、これは誤った解釈である。環境の影響は弱いように見えるだけであり、彼らの同じ遺伝子に、児童期には空き地で頻繁にバスケットボールをして遊び、小学校ではチームを作り、高校では専門的なコーチについて練習するといった、類似した環境が組み入れられたのである。つまり、環境の潜在的な影響力は、一卵性の遺伝子と適合しているがゆえに陰に隠れてしまったにすぎないのである。

次に、次第に蓄積されていく環境の要因に目を向けてみよう。一般的に、遺伝子の影響は数年のスパンで見れば安定している。そこでバスケットボールの環境要因を遺伝子から切り離して、そのすべての潜在的力を見ることができる。第二次世界大戦後、テレビでバスケットボールの実況放送が始まり、迫力あるクローズアップ映像に人気が盛り上がり、大衆化した。そのため、多くの人々がバスケットボールをするようになり、スキルが向上した。このようにして生じた平均的スキルの向上が原因因子になって、新しいフィードバックのメカニズムが発生する。それがすなわち、「社会的増幅器」に外ならない。

バスケットボールのスキルが平均を上回るレベルになるためには、最初はシュートとパスが上手であれば十分である。しかし、やがて両利きの選手は左右どちらの手でもパスするスキルを身につける。すると、負けてはならじと他の選手もこぞってその巧みなスキルを真似し始め、マークされていない選手を探してパスするようになる。そのうち、左側または右側の敵のガードをすり抜けてシュートをするために、左右どちらの手でもシュートする選手が出現して高得点をあげる。すると、他の選手もまた、この高度なスキルの真似をする。このようにして選手のスキルが時代と共に向上し、バスケットボールは1950年代のドタバタとした泥臭いスポーツから、スムーズで華麗なスポーツへと脱皮し、1960年代に定着したのである。

バスケットボールのスキルの上達に及ぼす遺伝子と環境の影響力は、2種類の増幅器の作動の仕方に依存している。まず、個々人の生育史におけるスキルの向上は、個人的増幅器の作動によって生じる。つまり、平均より少しだけ優れた遺伝子が、それと適合する優れた環境要因を取り込むことによって、次第にスキルが向上する。一方、時代に伴う集団としてのスキルの向上は、社会的増幅器が作動することによって生じる。つまり、同じ集団内の成員が互いに切磋琢磨することによって、集団全体の平均的なスキルの水準を、より高い水準へと向上させる。

私は、この増幅器のアナロジーは本質を明確に捉えていると思っている。別々の環境で育った一卵性双生児が、何らかの点で平均よりも少し優れた認知的能力の遺伝子を持っていたとしよう（もちろん劣っている場合もあり得る）。そして、もし平均よりも優れていれば、その一卵性双生児の少し優れた遺伝子は、その遺伝子と適合する優れた認知的環境を取り入れるように働き始める。すなわち、個人的増幅器が作動し始めることによって、それに気づいた教師との出会い、優れた仲間との相互作用、優秀な能力別クラス、より優秀な高校や大学への進学などの優れた環境要因が、彼らの認知能力を向上させるのである。だが時代とともに、様相は違ってくる。学校教育の期間が8年から12年へ、さらに12年以上（大学）へと長くなったことは、社会全体としての認知的能力の水準を向上させるだろう。すなわち、社会的増幅器が作用し始めたのである。

要するに2つの増幅器は、どちらも働いている。別々の環境で育った一卵性双生児のIQの一致度が高いことは、決して環境の影響を否定しているわけではない。他方、環境の影響によって時代とともに集団としてのIQが向上したことは、決して遺伝子の影響を否定しているわけではない。なぜなら遺伝子と環境は、どちらもIQの個人差を説明するためにも、時代とともにIQの集団差が出てくることを説明するためにも、重要な役割を果たすからである。つまり、親族研究の研究者たちがこぞって否定する環境の影響は、常に存在しているのである。

2つの増幅器を仮定することで、心理学界を長い間困惑させてきた問題を解決することができる。もし集団内における環境の影響力が弱いとすれば、世代をまたがるIQの集団間の差を説明するために、集団間、あるいは世代間でのみ働く神秘的な因子Xを仮定せざるを得ない。しかし、集団内でも集団間でも、まったく同じ要因が作用しているのである。集団内においては、個々人はより良い家族、教師、仲間、大学、仕事のような環境要因によって差が生じる。しかしこれらの要因は、個人的増幅器による遺伝的差異との相関によって、あたかも弱いように見えてしまう。そのため双生児研究では、環境要因の影響は遺伝子の差異がもたらす影響力よりも弱いという結果になるのである。集団間においては、やはりより良い養育、より良い学校教育、より多くの認知的に要求される仕事などの環境要因によって、世代間に差異が生じる。しかし社会的増幅器が作動することで、これらは単純に環境要因として大きな影響力を及ぼす。集団間（世代間）に差異をもたらすことの可能な遺伝的な差異はないので、環境要因は遺伝子にかかわりなく作用するのである。

要するに、環境要因は集団内でも集団間でも作用しているのであり、神秘的な因子Xを仮定する必要はない。ただしこのことは、一方のほうが他方よりもより典型的に作用する、何らかの要因があることを排除するものではない。

1-4 新しい何かを測定する

20世紀の認知的進歩の歴史が、知能検査の成績の記録の中に隠されていた。しかし、それを発掘した考古学者は、実際により良い成績をとった人々について考えてみなければならなかった。彼らはテストを受けた部屋でいったいどのように考えたのか、彼らの認知様式は世代から世代へとどのように変化したのか、そして、個々人が彼らの個人的環境に適応したときだけでなく、新しい環境が人々に集合的な影響を及ぼしたとき、彼らの遺伝子は環境とどのように相互作用したのか。

知能検査が1850年以降発達し始めた新しい心理特性や「心の習慣」を測定するようになったことは、それほど不思議ではない。社会が測る価値があると確信すれば、人々はそれを測定するための方法を工夫する。その昔、人々が日の出から日没まで働いていた頃には、個人用の時間を測る工夫は必要なかっただろう。しかし、産業革命が起こり、時間通りに働き始めることが要求されるようになると、人々は工場の笛、暖炉の置き時計、腕時計を発明した。同様に人々が仕事を世襲的に受け継いでいた頃には、知能検査を工夫する必要はなかっただろう。しかし、産業革命が起こり、より教育された労働力が必要とされるようになったことで、最も教育成果をあげたのは誰か、社会で最も成果をあげるのは誰か、そして、最もエリートになる可能性が高いのは誰かを測定するための指標を発明した。すなわち1905年に、アルフレッド・ビネーが知能検査を発明したのである。フランスの子どもたちが、測定する価値がある新しいものは何かを、彼に告げたのである。

引用文献

Dickens, W. T., & Flynn, J. R. (2001a). Great leap forward: A new theory of intelligence. *New Scientist, 21*, 44-47.

Dickens, W. T., & Flynn, J. R. (2001b). Heritability estimates versus large environmental effects: The IQ paradox resolved. *Psychological Review, 108*, 346-369.s

Dickens, W. T., & Flynn, J. R. (2002). The IQ paradox is still resolved: Reply to

Loehlin and Rowe and Rodgers. *Psychological Review, 109*, 764-771.

Flynn, J. R. (2009). *What is intelligence? Beyond the Flynn effect.* Cambridge UK: Cambridge University Press (Expanded paperback edition).

Flynn, J. R. (2012). *Are we getting smarter?: Rising IQ in the twenty-first century.* Cambridge UK: Cambridge University Press.〔フリン, J. R.／水田賢政・訳 (2015)『なぜ人類のIQは上がり続けているのか？——人種, 性別, 老化と知能指数』太田出版〕

Fox., M. C., & Mitchum, A. L. (2013). A knowledge based theory of rising scores on "culture-free" tests. *Journal of Experimental Psychology: General, 142* (3) 979-1000. doi: 10.1037/a0030155.

2章　遺伝子と認知的進歩

環境には時代とともに集団としてのIQ上昇をもたらすほどの影響力はないと考える人たちは、間違っている。しかしながら、彼らは代案を考える。すなわち、IQの上昇は現実世界においてはそれほど重要ではない環境の変化によって生じるのだと。もしそれが本当だとしても、人類は現実世界において実際に認知的進歩を遂げたのかもしれない。しかしながら、IQの上昇パターンを根拠として人類の認知的進歩の歴史を捉えるという本書の試みは、うまくいかないことになる。

1998年、アーサー・ジェンセンが『g因子』（Jensen, 1998）を出版した際に、彼は「相関ベクトル法」を提案した。つまり彼は、IQ上昇の有意性を評価するための統計的指標として、相関ベクトルを提案したのである。彼は知能検査の下位検査の中で最も一般知能因子gの負荷が大きい下位検査から最もgの負荷が小さい下位検査まで、g負荷に基づいて下位検査の順位づけをした。次に彼は、同じ下位検査を、得点上昇が最も大きい下位検査から最も小さい下位検査まで、得点上昇の程度に基づいて順位づけした。要するに彼は、g負荷の順序が得点上昇の順序と一致するかどうか、すなわち両者間に相関関係があるのかどうかを明らかにしたかったのである。このジェンセンの意図は明白である。なぜなら、もし一般知能因子gが知能を示していると仮定すれば、知能検査の得点の上昇が本当に知能の上昇を意味しているのかを見極めるための有効な方法になるからである。彼はWISC（ウェクスラー児童用知能検査の略語）とWAIS（ウェクスラー成人用知能検査の略語）の下位検査をしばしば使用した。これらは10～11個の下位検査からなっている。それらのg負荷は、単語検査（常に最もg負荷が高い）から符号検査（常に最もg負荷が低い）まで、さまざまである。もし下位検査の得点上昇の順序がg負荷の順序と完全に一致していれば、その相関係数は1.00であり、もし両者の順位に関係がなければ、相関係数はゼロになる。

2-1 ジェンセンの方法

少し考えれば、ジェンセンがこの方法を適切だとした理由がわかるだろう。なぜなら、g、すなわち一般知能因子に関して不可解なものは何もないからである。類似する何らかの特性が多くの領域に存在するのは明らかである。たとえば、私たちは世の中には「音楽の g」を持つ人がいることに気づいている。すなわち彼らは、楽器の練習を始めるとすぐに上達する人たちである。また、「運動の g」を持つ人たちもいる。すなわち彼らは、さまざまなスポーツで光彩を放つ人たちである。これと同様に、ウェクスラー知能検査の 10 または 11 個の下位検査（単語、知識、算数、三次元のジグソーパズル、論理的関係性などの一般知能因子に関する検査）のいずれにおいても、平均より高い得点または低い得点をとる人たちがいる。そして因子分析をすることで、この「一般知能因子」の強度を測ることができる。すなわち、それぞれの下位検査の得点がすべての下位検査の得点を合わせた総合得点を予測するうえでどのくらい重要であるかを示す、重要度の序列を算出することができる。これがすなわち g 負荷である。ちなみに、最も g 負荷が高いのは、多くの場合（いつもではないが）単語検査の得点である。

下位検査の g 負荷に関して興味深いことは、下位検査課題の認知的複雑さが増すのに伴って、g 負荷が上昇することである。そして、ジェンセンがしばしば指摘しているように、数字の順唱課題（読み上げられたランダムな数字の列を復唱する課題）の g 負荷が最も低く、数字の逆唱課題（読み上げられたランダムな数字の列を逆の順序で復唱する課題）の g 負荷はずっと高い。これに対し、「靴ひも結び」課題の速さはゼロに近い g 負荷しか持っていない。このように g 負荷は、「認知的により複雑な課題のほうがより適切に知能を測定できる」という、私たちの直感と一致しているのである。

それゆえ、「知能」という用語の代わりに g 負荷を使用するというジェンセンの着想は、理にかなっているように思える。また、下位検査の得点上昇の順序とg負荷の順序との間の相関関係を分析するという彼が提案した方法の論拠も、今や明らかであろう。もし得点上昇がg負荷と相関しないなら、その下位検査は一般的知能とあまり関係がないことを意味しているのである。

1998年に、ジェンセンがこの分析をしたところ、g負荷と得点上昇の間に高い正の相関があることを示すデータセットを見出すことができなかった。ただし、3つのデータセットで中程度の正の相関が見られた。また、1つのデータセットでは負の相関が見られた。彼はこれらの結果を総合して、時代とともに生じるIQ上昇は部分的にg負荷を反映しているが（彼はより良い栄養がより良い脳を作るといった考え方を好むようである）、一部は「見せかけ」であると結論づけた。すなわちIQ上昇は、「テスト慣れ」のような些細なスキルの獲得を反映しているだけかもしれない。この「テスト慣れ」とは、被検者が知能検査を繰り返し受検することでテストの形式に慣れたことによる得点上昇を指している。また、この「テスト慣れ」によるIQ上昇の程度は、下位検査の種類によって異なるかもしれないだろう。たとえば、g負荷が高い「単語検査」では「テスト慣れ」による得点上昇が小さく、g負荷が低い「符号検査」では得点上昇が大きいかもしれない。いずれにせよ、「テスト慣れ」による見せかけの得点上昇は、現実世界では些細な意味しか持たないであろう。

したがって、この見せかけの得点上昇は、実生活の問題解決において多少は役立つとしても、その意義はごくわずかだとジェンセンは主張したのである（Jensen, 1998, pp.320-321, 332)。このジェンセンの研究法は、非常に影響力が大きかった（Colom, Garcia, Abod, & & Juan-Espinoza, 2002; Colom, Garcia, Juan-Espinoza, & Abad, 2002; Deary & Crawford, 1998; Must, Must, & Raudik, 2003; Rushton, 1995; Woodley, 2013)。なお、ラシュトンとジェンセン（Rushton & Jensen, 2010）は、IQ上昇とg負荷との間の負の相関を示すデータを包括的にレビューして引用している。

ジェンセンの方法の妥当性は、下位検査のg負荷と、同じ下位検査に対する遺伝の影響の間に正の相関があることを示すデータによって補強された。たとえば、近親交配によるうつ病は、知能検査の下位検査の種類によって異なる影響を及ぼすことがわかっている。すなわち、近親交配は遺伝子に有害な影響をもたらすが、g負荷が高い下位検査ほど、そのダメージがより大きくなるのである。同様に双生児研究と親族研究も、知能テストの下位検査における遺伝子と環境の相対的影響を見出している。すなわち、成績の個人差に遺伝要因の影響力が大きい下位検査ほど、g 負荷が高いのである。

こうしてジェンセンの研究法は、知能研究者たちの発想を縛り、彼らの注意を「得点上昇が g 負荷と一致するかどうか」という周辺的事象に向けさせ、明白なこと（IQ 上昇こそが重要である）を無視させることとなった。IQ 上昇の原因についての解釈もまた、知能研究の専門家たちを誤解へと誘導した。すなわち彼らは、IQ 上昇が「見せかけ」なのであれば、それには見せかけの原因があるに違いないと考えたのである。「テスト慣れ」は、検査を受ける部屋では影響を及ぼしても、現実世界ではほとんど影響がないので、これが見せかけの IQ 上昇の原因として最も有力だと見なされた。このことから明らかなように、IQ 上昇が実態かどうかのジェンセンの評価においては、g 負荷と IQ 上昇の間に正の相関が見られるかどうかが中心的役割を果たしている。

2-2 ジェンセンの方法の概念的基礎

次に、ジェンセンの方法の論拠について詳しく検討することにしよう。ジェンセンの方法が妥当性のある方法であるためには、ウェクスラーの下位検査を g 負荷に基づいて最大から最小まで順位づけしたとき、次の 3 つの予測が当てはまる必要がある。（i）g 負荷の序列は下位検査課題の認知的複雑さと相関関係がある。（ii）g 負荷の序列は、近親交配が下位検査に及ぼすネガティブな影響の程度と相関関係がある。（iii）g 負荷の序列は、下位検査の遺伝可能性、すなわち、個人差の大きさが環境の違いではなく、遺伝によって説明される程度と相関関係がある。

2-2-1 g 負荷と認知的複雑性との相関

第 1 の g 負荷と認知的複雑性の間の相関は、それ自体として大変興味深い。ただし、g 負荷の序列と課題の認知的複雑さの間には相関があるという予測は、私たちの直感的判断に頼らなければならない面があるのは否めない。しかし、数字の逆唱（高いg負荷）のほうが順唱（低いg負荷）よりも複雑な認知課題であることは誰もが認めるであろう。同様に、スフレを作ることのほうがスクランブルエッグを作ることよりもg負荷が高いであろう。この仮定を受け入れるならば、さまざまなことが明らかになる。「単語」課題の場合は、それぞれの単語が指し示す概念の意味的複雑さによって認知的複雑さの程度を順序づけることができるだろう。同様に「算数」課題の場合は、（紙やペンなしで）計算する手続きの計画・実行の難易度で、認知的複雑さの程度を順序づけることができるだろう。では、「単語」課題と「算数」課題では、どちらがより認知的複雑さが高い課題なのだろうか？　「単語」のほうが「算数」よりもg負荷が高いのだが、そのことは実に興味深い。

しかし、下位検査のg負荷の序列とIQ上昇の間に通常それほど強い相関が見られないという事実は、IQ上昇の原因やその実体性について何かを明らかにするわけではない。社会の要請が変化することでIQ上昇が生じるとしてみよう。すると相関がないことは、次のことを示唆しているにすぎない。すなわち、社会が求める認知的スキルの変化は、必ずしもその課題の認知的複雑さとは関係がないということである。1900年以降、ほとんどすべての人が車の運転をするようになったという事実は、おそらく私たちの地図利用のスキルを向上させ、g負荷を低下させたであろう。今日、私たちが仕事をする際には多くの一般知識を記憶していなければならないが、そのことは、私たちのワーキングメモリ（中程度のg負荷）を向上させたかもしれない。また、高等教育を受けるアメリカ人の割合が急激に増加したことは、大人の語彙と一般知識の保持量（高いg負荷）を増加させただろう。しかし、どのようなスキルの得点上昇が最も大きかったかは、その課題の認知的複雑さとは関係がない。もし、単語検査の得点上昇が起きたとしても（起きなかったとしても）、その原因は、単語検査のg負荷が高いことではないだろう。おそらく、高等教育を受けて言語を駆使する職種（弁護士、ジャーナリストなど）が広がったことにより、他の認知的能力よりも語彙の高度化が必要になったことがその原因のはずである。

それゆえ、ある認知的スキルの得点上昇が他の認知的スキルの得点上昇に先行して生じた場合、その原因を明らかにするためには、社会学的分析をするべきであり、その認知的スキルと認知的複雑さの間に相関があるかどうかを分析する必要はない。得点上昇の程度に明確な差異があるという事実を明らかにできれば、それで十分なのである。もし、交通事故の死者があまりに多ければ、高等教育に多くのお金をかけるよりも、車の運転教習を優先的に義務化するだろう。そうすれば地図利用スキルの得点上昇（低いｇ負荷）のほうが、単語検査の得点上昇（高いｇ負荷）よりも顕著になるだろう。したがって、知能検査の下位検査の得点上昇が認知的な複雑さと一致したとしても、それは滅多にない例外的なケースがたまたま見つかっただけであり、そのこと自体興味深い稀なことがらなのである。

ｇ負荷と得点上昇の間に相関がないからといって、得点上昇は些末な事象であり、その原因もとるにたらないという偏見に陥るべきではない。その原因が何にせよ、大人の語彙と一般知識の量が増加しているのは確かな事実であり、大きな社会的な意味を持っている。語彙と一般知識量の増加が「テスト慣れ」による錯覚である可能性はほとんどない。たとえば、ある成人のアメリカ人が単語検査で１つの単語を提示され、その意味を問われたとしよう。これは、多肢選択テストに慣れることといったいどんな関係があるのだろうか。あるいはまた、ある都市がどの国の都市であるかを問われたり、ある国がどの大陸に位置する国であるかを問われたりするとき、この種の検査に対する「テスト慣れ」が、地理に関する一般知識量を増加させるだろうか。

もし、テスト慣れが（高等教育の広がり以上に）これらのIQ下位検査の得点上昇の原因だと本当に考えるのであれば、アメリカの成人の多くは必ずしも語彙や一般知識の量を増加させていないことを示す、社会学的証拠を提示すべきである。たとえば、彼らは自分の知識をひけらかすために意味をよく理解せずに難しい言葉を使用するというデータを示すべきである。あるいは、もっと深刻な例として、昔の『アイ・ラブ・ルーシー』に対して最近の『ヒル・ストリート・ブルース』などの人気テレビ番組は、視聴者の語彙または高度な一般知識が増大していることの証明にはならないというデータを示すべきである。

もちろん、「積木課題」のような下位検査やレーヴンの漸進的マトリックスのようなテストでの得点上昇の原因の１つとして「テスト慣れ」を持ち出すことは、多少は妥当性があるかもしれない。しかし、その可能性を示唆するにあたり、あえてジェンセンの方法を持ち出す必要はない。ジェンセンの方法が注目される十年以上も前に、フリン（Flynn, 1987）は、母集団が多肢選択に慣れて、それ以上は「テスト慣れ」の向上が見込めない時代に入っても、IQ上昇が続くかどうかを調べている。その結果、IQ上昇は続いていることが明らかになった。したがって、ジェンセンの方法は「逆が真」であることを示唆しているのではないだろうか。

2-2-2 g負荷と近親交配との相関

g負荷の序列と近親交配が下位検査に（ネガティブな）影響を及ぼす程度との間には相関があるという事実に話題を転じよう。この事実は、認知的に複雑な仕事をする大脳領域が、あまり複雑ではない仕事をする大脳領域よりも壊れやすい遺伝的基盤を持っていることを示している。それらの壊れやすい領域は、性交渉による望ましくない染色体の結合によってダメージを受ける可能性がある。そして近親交配は、その可能性を高める。

これは、大脳生理学的にも興味深い問題である。しかし時代とともに異系交配が増えたこと、すなわち、人々が親族から血縁関係の遠い相手と交配することで近親交配の悪い影響を減らしてきたことがIQ上昇の原因なのかどうかを調べるのに、この事実は必要ではない。私の研究では、少なくともアメリカにおいては、19世紀にはわずかにIQ上昇の原因として寄与した可能性はあるが、20世紀にはまったく寄与しなくなったことが示されている。この結果は、地域から地域へ、海外から地域への人口動態に基づいている（Flynn, 2009b, 2012a）。ジェンセンの方法は、この問題について検討するための方法としては、まったく必要がない。

2-2-3 g負荷と遺伝可能性との相関

最後に、下位検査のg負荷の序列と遺伝可能性との間の相関について検討することにしよう。遺伝可能性とは、IQの個人差が家庭環境の差異ではなく遺伝子の差異によって予測される程度のことを指す。親族研究（Jensen, 1998）によれば、IQの個人差は、加齢に伴って、遺伝子の差異によって予測できる程度が高まり、逆にもともとの家庭環境の差異（しばしば共通環境と呼ばれる）によって独立に予測できる程度が減少することが示されている。すなわち、人が成長するにつれて、家族環境の影響は仲間や家族以外の社会集団の影響に比べて次第に弱くなり、ほぼ20歳までにゼロになるのである。

しかし、児童期まではまだ家庭環境の影響力が作用しており、家庭環境の影響力は下位検査によって異なることが示されている。認知的複雑さ（g負荷）が大きい下位検査ほど、その人の遺伝子の可能性と早く一致するのである。たとえば単語検査の場合は20歳で遺伝子と一致し、数唱検査の場合は24歳になって一致が見られる。これは非常に興味深い事実であり、5章で家庭環境の影響が消失することの証拠について詳説する。

だが、このことは、IQ上昇が実際に生じているのか、そうであれば原因は何かという問題とは関係がない。かつては、環境の影響力はそれでIQの個人差を説明するには弱すぎるので、環境が時代とともにIQ上昇を引き起こすことはありえないと考えられていた。しかし、これまで検討してきたように、ディケンズ／フリンモデルは、遺伝性の要因の推定値ではこの問題を扱うことはできないことを示した（Dickens & Flynn, 2001a, 2001b, 2002）。さらに私たちは、それが歴史的事実に照らして誤った解釈であることを知っている。確かに同じ世代内においては、教育年数よりも遺伝子のほうが、よりよく成人のIQを予測できるかもしれない。しかしこのことは、すべての市民が享受する教育の期間が長くなっても、世代につれてIQ上昇が生じないということを意味しているわけではない。高等教育の普及は、現に単語検査や知識の下位検査において、大きな得点の上昇をもたらしたのである。

2-2-4 なぜジェンセンの方法は説得力があるのか

心理学は生物学を無視することができない。20世紀に社会科学の分野を席巻した極端な環境決定論に疎外感を抱いた研究者は、心理学はダーウィンを無視するつもりだと確信した。そう考えた人たちは、ダーウィンの進化論を次のように解釈していたのである。人間の特性は、自然淘汰によって、その特性にとって有利に働く遺伝子が選ばれることによって変化する。自然淘汰が環境の変化に対する生物の反応であるという解釈は正しい。すなわち、ある新しい環境の変化が起こると、それまでは種の保存には無関係または不利であった特性（遺伝子）を持つ個体が、より再生産の可能性が高い個体になるのである。たとえば、灰色の蛾は見つかりやすく、鳥に捕食される可能性が高かった。ところが、そのうち工場の煙で町中の空気が黒くなり、灰色であることは蛾の生存にとって有利な特性になり、種全体に広がった。しかし、このようにして自然淘汰によって種の特性が変わるには何世代もの長い時間がかかるのが通例であり、わずか1世紀たらずの短い期間で生じたIQ上昇を自然淘汰で説明するのは難しいであろう。

どうやら人は、ひとたび遺伝子に焦点を当てると、あらゆる特性の変化の原因は遺伝子、または遺伝子に類する何かにあるはずだと思い込む傾向があるようである。つまり、脳を前の世代の脳とは違った脳へと進化させた何かである。前の世代は食糧事情が悪く、脳に栄養が十分に供給されなかったなら、食糧事情が改善して脳に十分な栄養が供給されるようになれば、脳はその潜在的可能性を十分に発揮するようになるだろう。前の世代には多かった近親交配が減少し、次の世代には異系交配が増加すれば、遺伝的変化がもたらされるだろう。つまり、より良い脳を意図した変化である。しかしながら、これらの解釈は社会的文脈が「脳の訓練」を通して人間の特性を変化させる可能性を無視している。たとえば、ロンドンでタクシーの運転をすることは、タクシー運転手の遺伝子が平均的な人々の遺伝子と違いがなくても、地図利用スキルの中枢である大脳の部位を鍛えることになるだろう。同様に、重量上げの選手は、遺伝子は別にして、大方の人々を上回る重量を上げられる筋肉を鍛えているのである。

ジェンセンの方法がIQ上昇の原因が環境的要因であることを「示す」とき、どの環境要因が上昇をもたらしたのかを示せるならば、多少の効用があるだろう。しかし実際には、ジェンセンの方法では、IQ上昇の原因は文化的要因よりも生物学的（遺伝的）要因にあると決定することさえできない。したがって、この問いに対する答えを出すためには、歴史的資料を調査するしか方法はない。つまり、世代から世代への異系交配の歴史的資料を調査し、それが時代に伴うIQ上昇を説明できるかどうかを検証するのである。あるいは、世代ごとの食事記録を調査し、何らかの栄養事情の変化によってIQ上昇を説明ができる可能性があるかを検証するのである。ちなみに両方の問いに対しても、答えは否定的である。ただし、栄養事情については、発展途上国においては関係があり、先進国においても1950年以前までは影響していた（Flynn, 2012a）。

要するに、文化的要因よりも生物学的要因にこだわる偏見は、次のような硬直化した思考の強固な三段論法がもたらしているのである。すなわち、唯一の真のIQ上昇はg負荷と一致するものである（誤り）。生物学的向上を単独に取り出せば、g負荷と一致するはずである。なぜなら生物学的向上は脳の高性能化をもたらすからである（たぶん真）。それゆえ、唯一の真の上昇は、生物学的要因によって引き起こされたものである（間違った前提・間違った結論）。

2-2-5 判定のまとめ

ジェンセンの方法は、ウェクスラー知能検査の下位検査が測定する課題が要求する知的能力と、その知的能力に関わる遺伝子（と大脳中枢）の壊れやすさの程度、加齢に伴って遺伝要因と環境要因が一致するまでの速度に関しては、非常に興味深い示唆を提供してくれる。しかし、時代とともにIQが上昇したことへの社会的要因の重要性、あるいは原因を査定するための方法としては、あまり役に立たない。このことが示唆するどんな可能性も、すでに明らかである。それが有効だとする立場は、概念的基礎に欠陥があり、偏ったイデオロギーに基づいていると言わざるを得ない。それゆえ、この方法をそのために用い続けることは、特定のイデオロギーに迎合する儀式のようなもので、科学研究にとってのメリットはまったくない。

2-3 ジェンセンの方法の実際

アメリカの成人は、1953年から2006年の間に、単語検査の得点がIQに換算すると17点、一般知識の得点は8点も上昇するなど、かなりの得点上昇が見られた。同様にドイツでも成人の単語検査の得点にかなりの上昇が見られた（Flynn, 2012a, Box 5 と Table A.I3）。これらの下位検査の得点上昇は、明らかに社会的に重要であり、テスト慣れの影響を非常に受けにくい。また、これらの下位検査の得点上昇は通常他の下位検査の得点上昇を伴うので、全体としての下位検査の得点は、これらの下位検査のg負荷の序列との間に正の相関が見られない。言い換えると、全体としての検査は通常ジェンセンの方法には適合しない。つまり、IQ上昇の意味と原因を推測するために、ジェンセンの方法を用いることはできないということである。したがって、ジェンセンの方法に基づいて、単語検査と一般知識の得点上昇は「見せかけ」で、「テスト慣れ」によるのだろうと考えるのは間違いであることを示唆しているのである。

しかしながら、ジェンセンの方法を素直に、得点上昇の有意性（実在性）とその原因を診断するための統計的指標の1つと見なし、その意味することを読み取ることには価値がある。「あなたがたは、その実によって彼らを見わけるであろう（それがどういう結果をもたらすのか、成った実によってその人を判断すべきである）。」（マタイ書7：16）。

アメリカの児童の単語検査の得点上昇（1989年～2002年のWISC得点の上昇）とアメリカの成人の単語検査の得点上昇（1995年～2006年のWAIS得点の上昇）を比較すると、明瞭な対比が見られる。ジェンセンの方法を成人に適用した場合には、＋0.540～＋0.621の明瞭な正の相関が見られる。これに対し児童に適用した場合には、－0.303～－0.409の負の相関が見られる（専門家の方は表A-1をご覧いただきたい）。この結果は、一連の興味深い因果的問題を示している。成人の得点上昇は見せかけではなく、遺伝的要因または生物学的要因により、児童の得点上昇は見せかけであり、文化的要因、おそらく「テスト慣れ」によるとなるだろうか。

ジェンセンの方法を擁護する人たちは、このデータをいったいどう説明するのだろうか。児童と成人の対照的な結果を遺伝的要因に相違があるとして説明するのは、かなり難しいだろう。また、生物学的要因の相違に関しては、大人が子どもの食生活を犠牲にして、自分たちの食生活だけを改善したとは考えられない（ファーストフードの学食がやり玉に挙げられるのだろうか？）。学校を卒業すると「テスト慣れ」は終わり、だから児童の得点上昇に影響を与えるが、成人の得点上昇には影響しないのだろうか？そうだとして、ともあれ成人の得点は上昇しているのであり、もしテスト慣れの議論を脇に置くことさえできれば、児童の得点上昇も実質的なものとなるであろう。

2-3-1 例外

表2-1のWAIS-ⅢからWAIS-Ⅳへの得点上昇を取り出すにあたり、私は他のほとんどのデータセットでは見られない、g負荷との正の相関

が示されている例外をうまく選び出すことができた。それは事実であるが、なぜこれが例外なのだろうか。表2-1は、3つの時期を通して9つのWAISの下位検査における得点上昇を示している。また、それぞれの検査内における得点上昇を順位づけた場合、9つの下位検査がどのような順位にあるかが表に示されている。

表2-1 3つの期間におけるWAISの下位検査の得点上昇

	WAISからWAIS-R 1953〜78年	WAIS-RからWAIS-Ⅲ 1978〜95年	WAIS-ⅢからWAIS-Ⅳ 1995〜2006年
	24.5年での得点上昇	17年での得点上昇	11年での得点上昇
知識	**1.1**（6位）	**0.0**（下から2番目）	**0.5**（3位）
算数	1.0	−0.3	0.0
単語	**1.8**（1位、同順位）	**0.6**（3位、同順位）	**1.0**（1位）
理解	1.8	0.5	0.4
絵画完成	1.8	0.4	0.9
積木模様	1.0	0.7	0.3
組合せ	1.3	0.9	−
符号	**1.8**（1位、同順位）	**1.2**（1位）	**0.2**（下から2番目）
絵画配列	0.8	0.6	0.9

出典：Flynn, 2009aの表2を修正のうえ転用した。Applied Neuropsychologyの出版社の許可を得ている。推測値の算出についてはその表を参照すること。

なぜWAIS-ⅢからWAIS-Ⅳの時期が例外的であるかは一目瞭然である。太字の数字を見てみよう。下位検査の得点上昇を最も大きいものから最も低いものへ順位づけると、単語検査と知識は1番目と3番目である。明らかに高等教育の普及と言語を駆使する仕事が拡大したことが、それ以前の時期には見られないかたちで他の影響を霞ませている。これら2つの下位検査はg負荷が高いので、そのことが得点上昇とg負荷との正の相関を生じさせている。

確かにこれら2つの下位検査の得点上昇がトップに近いのは、WAIS-ⅢからWAIS-Ⅳの時期だけである。しかし、この「偶然」の出来事が、この時期の単語検査と知識の得点上昇が実際のもので他の下位検査の得点上昇はみな見せかけであることの理由だと、いったい誰が言うだろうか。なんと言っても、これら2つの下位検査の得点上昇の割合は、その前のWAISからWAIS-Rの時期とほぼ同じである。明らかに、WAISから

WAIS-Rの時期のアメリカの成人は、他の下位検査でもっと高い得点上昇を示したために、単語検査と知識の得点上昇がそれほど目立たなかっただけなのである。

符号検査での得点上昇を持ち出して論じる向きがあることについても言及しておこう。符号検査は複雑さの程度が低いスキルを測定する下位検査なので（どれほど早く記号を写せるか）、g負荷が比較的低い。しかしながら、このスキルの得点が上昇することによって、他の下位検査の得点上昇がどんなに大きくても、たいしたことがないように見えてしまう。このデータセットに、大きな得点上昇を示す靴ひも結びの速さのデータがないのが残念である。そのデータがあれば、ウェクスラー知能検査のすべての下位検査のどの得点上昇も、現実のことと見られる望みはないように見えるだろう。しかし、もし人々がローファーを履くようになり、そのため得点上昇が起こらなくなれば、他のすべての得点上昇が、実際に起きていると言える希望が出てくるのである。

この点を明確にするために、表2-2では、すべてのWAISのデータセットで符号検査の得点上昇をゼロと置き、得点上昇とg負荷の相関係数を算出した。少々手品っぽい分析であるが、そうすると初期のWAISからWAIS-Rへの得点上昇が正となり、後期WAIS-ⅢからWAIS-Ⅳへの得点上昇ほどではないが、ずっと改善した。したがって、ウェクスラー知能検査の下位検査から符号検査を除けば、アメリカの成人は53年間のほとんどの期間において、見せかけではないIQの得点上昇を示すだろう。実際、すべての相関係数が正の値を示している。なお、なぜケンドールの相関係数を用いるのが望ましいのかについては、付録Aを参照していただきたい。

表 2-2 符号検査の得点上昇をゼロとした場合のWAISの下位検査の得点上昇と下位検査のg負荷との間の相関

	P1	S1	K1	K1(ad)	P2	S2	K2	K2(ad)
WAISから WAIS-R	+0.495	+0.279	**+0.209**	**+0.319**	+0.690	+0.432	**+0.315**	**+0.516**
WAIS-Rから WAIS-Ⅲ	+0.137	+0.014	**+0.037**	**+0.080**	+0.341	+0.210	**+0.147**	**+0.220**
WAIS-Ⅲから WAIS-Ⅳ	+0.319	+0.524	**+0.386**	**+0.550**	+0.354	+0.401	**+0.315**	**+0.672**

P1は、早期のg負荷すべてとのピアソンの相関係数
S1は、早期のg負荷すべてとのスピアマンの相関係数
K1は、早期のg負荷すべてとのケンドールの相関係数
K1（ad）は、範囲の制限に対する調整を行ったK1
P2は、後期のg負荷すべてとのピアソンの相関係数
S2は、後期のg負荷すべてとのスピアマンの相関係数
K2は、後期のg負荷すべてとのケンドールの相関係数
K2（ad）は、範囲の制限に対する調整を行ったK2
ケンドールのTau-b値は、最適な指標なので太字にしてある（付録A）

2-3-2 子どもへの支援

もちろんアメリカの子どもたちは、今も怠け者かもしれない。そこで次に、彼らにしてやれることを検討してみよう。もしアメリカの子どもたちが、公的な補習教育からアメリカの成人と同じくらい恩恵を受けると想像してみよう。成人に行ったほどの補習教育の年数を子どもたちに提供してやることはできないが、週末の個人指導に熱狂的になる。毎週土曜日と日曜日に、子どもたちに補習教育を受けさせ、難しい教材を読むことを強い、地理や歴史の授業をする。その結果、彼らは時代とともに単語検査や知識の得点をかなり上昇させる。

表2-3は、もしこうした課外授業が実際になされたなら、アメリカの子どもにどのような影響を与えることになるかを示している。単語検査と知識の2つの得点に関して、WISC-Ⅲ（1989）～WISC-Ⅳ（2002）の最小の子どもの得点上昇を、WAIS-Ⅲ（1995）～WAIS-Ⅳ（2002）の大きな成人の得点上昇で置き換えている。すると、WISCの得点上昇とg得点の相関は、強い負の相関からニュートラルなものへ移行した。つまり、WAISの正の相関の方向へ、半ば移動したということである。その効果は非常に明確であるが、それでもまだ、WAIS-Ⅲ～WAIS-Ⅳとの相違が

残っている。このことは、高等教育以外の何らかの社会的要因が、アメリカの成人と子どもの差異に影響していることを示唆している。

表 2-3　単語と知識の得点上昇（WISC に対する）を WAIS-Ⅲから WAIS-Ⅳに置き換えて変換した WISC-Ⅲから WISC-Ⅳへの下位検査の標準化された得点上昇。変換したとき、WISC と WAIS の相関の差異の半分が取り除かれた。

	P1	S1	K1	P2	S2	K2
WISC-ⅢからWISC-Ⅳ（置き換えなし）	−0.284	−0.389	**−0.270**	−0.333	−0.427	**−0.341**
WISC-ⅢからWISC-Ⅳ（2つの置き換え）	+0.038	−0.079	**−0.022**	+0.068	−0.036	**0.000**
WAIS-ⅢからWAIS-Ⅳ	+0.260	+0.462	**+0.315**	+0.316	+0.394	**+0.333**

私は成人の場合は概念的に要求度が高い仕事に次第に移行してきたのに、子どものアルバイトはその内容が相変わらず基礎的なまま（マクドナルドでアルバイトなど）だったのではないかと考えている。しかし、ここでの要点は、WAIS-ⅢとWAIS-Ⅳの間の成人の得点の上昇がg負荷とよく似ているのは、単に思いがけなく起きたということである。これは変則的な事実である。なぜ子どもの得点上昇がそうではないのかを説明する必要はない。それが通常なのであり、子どもと成人の差異をもたらす無数の社会的要因が存在するのである。

2-4　判定のまとめ

ジェンセンの方法を適用すると、正の疑似相関（得点上昇がgとたまたま一致するケース）が生じて、実際には存在しない因果関係が存在するように見えることがある。幸い、これは滅多にないことではある。もっと悪いのは、何らかの知的スキル（たとえば符号）が他の重要な知的スキルの得点上昇を見えなくしてしまうことである。実際、符号検査の得点上昇が、ウェクスラー知能検査全体のテスト・バッテリー（そこには符号検査の得点も含まれる）の得点上昇を見えにくくしてしまうことが起こり得る。

ジェンセンの方法の支持者は、次のような譲歩案を提出するかもしれない。すなわち、ウェクスラー知能検査の総得点ではgとの相関が見られなくても、単語検査と知識の得点上昇は見せかけではなく本物だと認めようと。しかし、そのような譲歩は敗北の始まりである。もし1つずつ下位検査を取り上げて検討すれば、すべての下位検査に社会的意義があるだろう。たとえば、「算数」課題における得点上昇がわずかしかなければ、この領域での学校教育の質があまり良くないことを示し、「類似」課題における大きな得点上昇は抽象概念を用いて物事を分類する能力が向上していることを示し、「積木模様」課題における大きな得点上昇は私たちの分析能力が向上していることを示し、「符号」課題における大きな得点上昇は情報処理の速度がより速くなっていることを示す、等々といった具合に。こうしてIQ上昇とgが相関しているかどうかを確かめることは、その社会的重要性とはもはや無関係になってしまう。そして、知能の個人差を理解するのにgがどのような価値があろうとも、人類の認知的進歩の歴史から消えてしまい、時代とともに変化する社会的優先事項の概念に取って代わられることになる。

1つは認めざるを得ない。そこで議論は終えることにしよう。それは、社会が進化するのに、認知的複雑さ（g負荷）に沿ってスキルを拡大するという全体的な計画は必要ないということである。IQの上昇がテスト慣れで起きたのだという否定的なコメントはそのことについての独立の証拠があるなら正当だと言える。そうでなければ人間行動についての暗黙の想定に依っていた数学モデルに代わり、社会学の考えが成り立つのである。そう考えてみると、ジェンセンの方法の想定には何の説得力もないことがわかる。その想定とは、種々の認知的能力が自律的に拡大されるのを押しとどめるような歴史上常に存在するもの（つまりgないし真の知能）があるという想定であるが、それは疑わしいのである。

IQ上昇の原因の診断に関しては、ジェンセンの方法を救う方法が1つある。それは、その重要性を見直すことである。私たちは正の相関と負の相関は決定的なものではなく、遺伝的要因と文化的要因が混在して働いていることを示すものとして解釈するべきである。というよりも、これは自明と言うべきであろう。ジェンセンの方法の助けを借りるまでもなく、私たちはIQ上昇には両要因が混在していることを知っている。つまり、文化的要因と遺伝的要因の両方が常に働いているのである。また、過去1世紀にわたって大きなIQ上昇が生じているという事実は、文化的要因のほうがはるかに重要であることを私たちに教えてくれる。要するに、プラスの文化的傾向が、マイナスの遺伝的傾向を圧倒的に打ち負かして黒字を生み出したということである。文化的要因と遺伝的要因を区別するためには、社会学的分析をする必要がある。仮に劣性交配（あまり教育を受けていない人々の過剰再生産）が、1世代につきIQを1ポイント下げるとして試算してみよう。そうすれば、仮に10ポイントの得点上昇が生じた場合には、それは文化的要因が11ポイントのプラスの効果を持っていたことを意味する。逆に10ポイントの得点減少が生じた場合には、文化的要因のマイナス効果は9ポイントということになる。

2-4-1 黒人のIQ上昇は実際に起きたのか？

ジェンセンの方法はまた、IQの人種間格差が時代とともに変化しているのは何を意味するのか、という問題を見えにくくしている。たとえば、彼は自分の方法では、黒人のIQが時代とともに白人のIQに近づいていることにはならないと主張している。つまり、下位検査のg負荷が大きいほど、白人に比べて黒人の得点上昇は小さい。それゆえ、黒人の得点上昇は本物ではないと言うのである。他方でジェンセンは、いつの時代にも黒人と白人のIQ差が見られると主張している。ジェンセンの方法によれば、たとえば1972年または2002年のいずれにおいても、下位検査のg負荷が大きいほど、黒人の得点と白人の得点差が大きい。それゆえ人種によるIQの格差は、本物だと言うのである。

ラシュトンとジェンセンはディケンズとフリンと、1972年から2002年までの間の黒人のIQ上昇は白人のIQ上昇をどの程度上回ったかについて論争した。私たちは、黒人のIQ上昇は4～7ポイント、白人のIQ上昇を上回っていると見なした。それに対し彼らは、私たちのウェクスラー - ビネーのデータを3.44のIQ上昇を示すものとして解釈し、より得点の低いテストを引用した。すなわち、ワンダリック人事テスト（Wonderli Personnel Test）の＋2.4ポイント、カウフマン児童用アセスメントバッテリー（K-ABC）の－1.0ポイント、判別能力尺度（Differential Ability Scale）の最大で＋1.83ポイントを引用し、平均は1.67ポイントで、彼らの最終的な評価として0～3.44ポイントの範囲を主張した。

私たちは、もちろん自分たちの評価を擁護したが（Dickens & Flynn, 2006a, 2006b）、ここではどちらの評価が正しいかは問題ではない。百歩譲って、彼らの1.67ポイントの評価のほうが私たちの5.5ポイントの評価よりも正確な推定値だとしよう。ここで特筆すべきことは、彼らが自分たちの評価の根拠としているデータセットのいずれも、「ジェンセンのIQ上昇の有意性の基準を満たしたものとして」、すなわち下位検査における黒人の得点上昇とg負荷の大きさとの正の相関を示すデータとして、まったく擁護していないことである。実際、彼らは時代に伴う得点上昇がg負荷上昇によらない事実を強調しているのである。そして彼らは、そのデータセットを再現性の高いデータと呼び、それを黒人の得点上昇は見せかけであることの証拠としているのである。

以上のことは、ジェンセンとラシュトンの主張が論理的に辻褄の合わないものであることを意味している。彼らはいずれの時点での黒人と白人のIQの格差も「現実のもの」と見なしている（下位検査の人種間格差が大きければ大きいほど、その下位検査のg負荷は高くなり、それは安定した正の相関を示す）。他方で彼らは、黒人のIQが白人のIQに次第に追いつくことを「見せかけ」と見なしているのである。まとめると、彼らは次の3つのことを信じているのである。① 1972年の黒人と白人のIQ格差は本物であり、実際に存在した。② 2002年の黒人と白人のIQ格差は本物であり、実際に存在した。③ 人種間のIQ格差を減少させた黒人のIQ上昇は見せかけであり、実際には起きていない。

以上の3つをまとめると、ジェンセンは結局「見せかけの原因が1つの現実を消し去り、それを別の現実で置き換えた」と主張しているのである。こうした論理に従えば、歴史上に生じたあらゆる集団間のIQ格差の変化（たとえばレーヴン検査のIQは、かつては男性のほうが高かったが今や性差はなくなっているという事実）は、実際には起こらなかったか、あるいは見せかけの原因がある、ということになってしまう。そうでないとすれば、もちろん、IQ上昇に伴う得点上昇とg負荷の間の正の相関は、負の相関が見られる通例に対する例外的なケースなのである。

2-4-2 GQ対IQ

ジェンセンの方法は誤解の元なので、g負荷との相関を考慮に入れて

IQ上昇を評価する新しい方法が必要である。ウッドコック - ジョンソン・テスト（Woodcock-Johnson test）は、正にそのための正しい方法を提供した。つまり、単語検査の得点上昇をg負荷によって重みづけするのである。そうすると単語検査の得点上昇は、高いg負荷と相乗され、その重みづけられた得点上昇が大きくなる。逆に符号検査の得点上昇は、低いg負荷と相乗され、重みづけられた得点上昇が減少する。

表2-4は、黒人のIQ上昇が白人のIQ上昇を上回ったとき（WISC-ⅢからWISC-Ⅳへの時期）、g負荷と大きな負の相関がある下位検査で得点が上昇したことを示している。だが、このことは実際にはほとんど問題にならないことも示している。IQの得点上昇は5.00ポイント、GQの得点上昇は4.72ポイントで、その差は0.28ポイント、すなわち5.6%である。

表2-4　WISC-ⅢからWISC-Ⅳへの得点上昇とWISC-Ⅳのg負荷：GQ対IQ

	得点上昇	WISC-Ⅳのg負荷	得点上昇×g負荷	g負荷の平均値で割る
記号探し	1.2	0.566	0.68	1.01
積木模様	1.0	0.660	0.66	0.98
絵画完成	0.7	0.627	0.44	0.65
類似	0.7	0.798	0.56	0.83
符号	0.7	0.466	0.33	0.49
理解	0.4	0.716	0.29	0.43
知識	0.3	0.813	0.24	0.36
単語	0.1	0.836	0.08	0.12
数唱	0.1	0.512	0.05	0.07
算数	−0.2	0.743	−0.15	−0.22
合計と平均	**5.0**	0.6737	3.18	**4.72**

標準得点の上昇は、IQとGQの得点に読み替えた。
標準得点5.0 = 5.0 IQ、標準得点4.72 = 4.72 IQ　差異 = 0.28ポイント
同様の表：Wechsler, 2003aの表A6
注：本表では、得点上昇とg負荷の値は、下位検査の信頼係数の平方根で割ることによって修正されていない。得点上昇をg負荷によって重みづけるとき、通常はこの修正はなされない。g負荷による修正はほとんど意味がないのは明らかである。すなわち、g負荷によって重みづけをしてもしなくても、差異はわずかである。
手引き：算出された数値をg負荷の平均値で割る。それから、標準化された得点の上昇を合計し、標準化された得点の合計をIQ値に変換したものを表に示す。この新しいGQは、IQの重みづけされていない合計よりもわずかに小さくなる。

2-4-3 時代に伴う大きなIQ上昇は実際に起きたのか？

アメリカで時代とともに大きなIQ上昇が実際に起きたのかどうかを査定するために、これと同じ方法を用いてWISC（子ども）とWAIS（成人）のIQ上昇およびGQ上昇の比較をした結果が、表2-5に示されている。この表から、一般的に負の相関があるWISCでは全体として18.90ポイント（IQ）から18.11ポイント（GQ）へと－0.79ポイント、すなわち4.2%減少していることがわかる。一方、正の相関があるWAISでは、16.09（IQ）から16.14（GQ）へ＋0.05ポイント、すなわち0.3%上昇していることがわかる。確かにg負荷の概念は重要である。しかし、時代に伴うIQ上昇が生じていることを示すには、全体的IQ得点で十分である。g負荷による修正は実際には必要ではない。

表2-5 WISCからWISC-Ⅳへの得点上昇とWAISからWAIS-Ⅳへの得点上昇：GQ対IQ

	WISC	WISC-R	WISC-Ⅲ	WISC-Ⅳ
重みづけされていない標準得点の合計	100.00	111.63	118.90	123.90
gに重みづけされた標準得点の合計	110.00	111.30	118.39	123.11
IQ	100.00	108.63	114.90	118.90
GQ	100.00	108.30	114.39	118.11
GQ−IQ	0.00	−0.33	−0.51	−0.79
	WAIS	WAIS-R	WAIS-Ⅲ	WAIS-Ⅳ
重みづけされていない標準得点の合計	100.00	114.60	119.69	124.09
gに重みづけされた標準得点の合計	110.00	114.60	119.58	124.14
IQ	100.00	109.60	112.69	116.09
GQ	100.00	109.60	112.58	116.14
GQ−IQ	0.00	0.00	−0.11	+0.05

私はWISC-ⅣとWAIS-Ⅳの換算表を共通に用いた。なぜなら、それらの形式が似ているからである。計算を確かめる場合には、換算表では下位検査の数を10個に揃えているので、下位検査が11個の場合は比例配分しなければならない。この表では比例配分された数値が示されている。

同様の表：Wechsler, 2003a, 表A6; Wechsler, 2008a, 表A7を参照。

さて、以上の検討で、私たちはいったい何を学んだのだろうか？　私たちが提起した難問をようやく解決できるということである。すなわち、時代に伴う見せかけの得点上昇が、実際の集団間の認知的格差をいったいどうやって生じさせるのかという問題である。「実際の得点上昇」（GQが示している）と「見せかけの得点上昇」（IQが示している）はほとんど同じである。そして、そのことは、g負荷と得点上昇の順位相関が正か負かに関係なく当てはまる。これは、ウェクスラー知能検査のすべての下位検査のg負荷は大差がないので、g負荷で重みづけることはほとんど効果がないからである。しかも、すべての下位検査のg負荷はかなり大きい。したがって、すべての下位検査がかなりの認知的複雑さを持つ知能検査において、黒人のIQ上昇が白人のIQ上昇を実際に上回ったのであれば、その得点上昇がg負荷に照らしてみても実際のことであるのに、何の不思議があるだろうか。

2-4-4 哲学者と心理統計学者

科学的実在性の問題、すなわち科学は外なる世界の実在性に迫ることができるのかという問いを立てたのは哲学者である（Flynn, 2012b）。一方、「見せかけ」の得点上昇、すなわち前世紀に起きた集団としてのIQ上昇は人類が実際に認知的に進歩したことを示しているのかどうかという問いを立てたのは心理統計学者である。

今日のアメリカで高等教育を受けることは決して珍しいことではなく、むしろ当たり前になった。今ではアメリカ人の約35％が専門家または準専門家であり、高級または中級管理者であり、技術者または実験室助手や言語を駆使する階級、すなわち法律家、ジャーナリスト、教師、ライター、カウンセラー、メディア関係の職に就いており、もはや少数ではない。また、女性の社会進出が進んだことによって、男女間のIQ格差はなくなった。さらに、教育や雇用条件が改善されたことによって、黒人と白人のIQ（およびGQ）格差の3分の1が解消された。

このような認知的進歩が実在しているにもかかわらず、今のアメリカ人は彼らの先祖である村の鍛冶屋、工場労働者、ニューヨーク北部の農夫よりも多くの語彙や一般知識を持っているわけではないと心理統計学者は考えているのである。また、得点上昇がg得点の上昇を伴わないという理由で、黒人のIQ上昇は白人のIQ上昇を上回ってはいないと心理統計学者は考えているのである。それにしても、彼らはなぜ同じ方法を女性のIQ上昇には適用しないのだろうか。女性のIQは今や、男性のIQに匹敵する水準にまで上昇している。この厳然たる事実を意味がないとする主張には困惑する外はない。ともあれ私は、前世紀に実際に人類の認知が進歩したと確信している。しかし、ジェンセンの方法によれば、私のこの確信は見当違いになってしまうようなのである。

こうした頑強な偏見から脱却すれば、前世紀に起きた人類の壮大な認知的進歩の歴史を正しく評価することができるはずである。人々が享受する教育の年数が徐々に長くなったことでフィードバックのメカニズムが作動し始め、時代とともに単語検査の得点上昇を生み出した。すなわち、より良い教育を受けた人々はより多くの語彙を習得し、そのことによって新しく豊かな言語環境が生み出され、高等教育の恩恵に浴さないすべての人々にも好影響を及ぼすようになる（配偶者、友人、カウンセリングの来談者など）。このようにして個々人の語彙が増加し単語得点の平均値が次第に高くなると、それに触発されて、すべての人々が平均値をさらに押し上げる。これがすなわち、単語検査の得点上昇を生み出すメカニズムに外ならない。

単語得点の上昇は他の認知的能力にも波及するが、必ずしも認知的複雑さの程度と一致しているわけではない。単語得点の上昇は当然ながら、言葉を用いる「分類（類似）」課題の得点を上昇させる。しかし、「算数」課題の得点にはほとんど影響を与えない。また「類似」課題のほうが「単語検査」よりも得点上昇が大きいという事実は、単語得点の上昇による波及効果に加えて、他の要因が関与していることを示唆している（Flynn, 2012a）。残念なことに、教育年数の延長は計算能力の向上にはそれほどの波及効果を及ぼさなかったようである。おそらくアメリカの教育は、この点でまだ何かが不足しているのであろう。

ともあれ、前向きな言葉で本章を締めくくるとしよう。人類の歴史は、木こりや水くみが人々の主な仕事だった時代から、認知的能力や言語的能力が必要とされる時代へと移り変わり、今日では、そうした高度な仕事に従事している人々が人口の大多数を占めるようになった。1900年の時点で、いったい誰がそのような時代がやってくることを予測できただろうか。過去100年の間に起きた認知的進歩は、決して作り話ではなく、普通の人々によって実現された偉大な知的可能性の話なのである。

引用文献

Colom, R., Abad, F. J., Garcia, L. F., & Juan-Espinosa, M. (2002). Education, Wechsler's full scale IQ, and g. *Intelligence, 30*, 449-462.

Colom, R., Garcia, L. F., Juan-Espinosa, M., & Abad, F. J. (2002). Null sex differences in general intelligence: Evidence from the WAIS-III. *Spanish Journal of Psychology, 5*, 29-35.

Deary, I. J., & Crawford, J. R. (1998). A triarchic theory of Jensenism: Persistent, conservative, reductionism. *Intelligence, 26*, 273-282.

Dickens, W. T., & Flynn, J. R. (2001a). Great leap forward: A new theory of intelligence. *New Scientist, 21*, 44-47.

Dickens, W. T., & Flynn, J. R. (2001b). Heritability estimates versus large environmental effects: The IQ paradox resolved. *Psychological Review, 108*, 346-369.

Dickens, W. T., & Flynn, J. R. (2002). The IQ paradox is still resolved: Reply to Loehlin and Rowe and Rodgers. *Psychological Review, 109*, 764-771.

Dickens, W. T., & Flynn, J. R. (2006a). Black Americans reduce the racial IQ gap: Evidence from standardization samples. *Psychological Science, 17*, 913-920.

Dickens, W. T., & Flynn, J. R. (2006b). Common ground and differences. *Psychological Science, 17*, 923-924.

Flynn, J. R. (1987). Massive IQ gains in 14 nations: What IQ tests really measure. *Psychological Bulletin, 101*, 171-191.

Flynn, J. R. (2009a). The WAIS-III and WAIS-IV: Daubert motions favor the certainly false over the approximately true. *Applied Neuropsychology, 16*, 1-7.

Flynn, J. R. (2009b). *What is intelligence? Beyond the Flynn effect.* Cambridge UK: Cambridge University Press. (Expanded paperback edition).

Flynn, J. R. (2012a). *Are we getting smarter?: Rising IQ in the twenty-first century.* Cambridge UK: Cambridge University Press. 〔フリン, J. R.／水田賢政・訳 (2015)『なぜ人類のIQは上がり続けているのか？――人種, 性別, 老化と知能指数』太田出版〕

Flynn, J. R. (2012b). *Fate and philosophy: A journey through life's great questions.* Wellington, New Zealand: AWA Press.

Jensen, A. R. (1998). *The g factor: The science of mental ability.* New York: Praeger.

Must, O., Must, A., & Raudik, V. (2003). The secular rise in IQs: In Estonia, the Flynn effect is not a Jensen effect. *Intelligence, 31*, 461-471.

Rushton, J. P. (1995). *Race, evolution, and behavior: A life history perspective.* New

Brunswick NJ: Transaction Publishers.
Rushton, J. P., & Jensen, A. R. (2010). The rise and fall of the Flynn effect as a reason to expect a narrowing of the Black/White IQ gap. *Intelligence, 38*, 213-219.
Wechsler, D. (1949). *Wechsler intelligence scale for children: Manual.* New York: The Psychological Corporation.
Wechsler, D. (1955). *Wechsler adult intelligence scale: Manual.* New York: The Psychological Corporation.
Wechsler, D. (1974). *Wechsler intelligence scale for children-revised.* New York: The Psychological Corporation.
Wechsler, D. (1981). *Wechsler adult intelligence scale-revised.* New York: The Psychological Corporation.
Wechsler, D. (1992). *Wechsler intelligence scale for children-third edition: Manual.* San Antonio, TX: The Psychological Corporation. (Australian adaptation).
Wechsler, D. (1997). *Wechsler adult intelligence scale-third edition: Technical and interpretive manual.* San Antonio, TX: The Psychological Corporation.
Wechsler, D. (2003a). *Wechsler intelligence scale for children-fourth edition: Manual.* San Antonio, TX: The Psychological Corporation. (Australian adaptation).
Wechsler, D. (2003b). *The WISC-IV technical manual.* San Antonio, TX: The Psychological Corporation.
Wechsler, D. (2008a). *Wechsler adult intelligence scale-fourth edition: Manual.* San Antonio, TX: Pearson.
Wechsler, D. (2008b). *Wechsler adult intelligence scale-fourth edition: Technical and interpretive manual.* San Antonio, TX: Pearson.
Woodley, M. A. (2013). In the Netherlands the anti-Flynn effect is a Jensen effect. *Personality and Individual Differences, 8* (54), 871-876.

付録A（主に専門家向け）

ここで、本書が依拠する成人と子どものIQ得点上昇を示すデータの詳細を示す。表A-1には、アメリカの子ども（WISC：1989年～2002年）とアメリカの成人（WAIS：1995年～2006年）の単語検査の得点上昇を取り出して、両者に相関ベクトル法を適用したものである。この資料で特記すべき点は、成人のデータでは中程度の正の相関が見られ、子どものデータでは負の相関が見られることである。したがって、相関ベクトル法に従えば、成人のIQ上昇は実際に見られ、子どものIQ上昇は「見せかけ」ということになる。なお、ケンドールのTau-b（ad）値は、それらがより適しているため、太字で示されている。

表A-1　WISC-ⅢからWISC-ⅣとWAIS-ⅢからWAIS-Ⅳ：下位検査の得点上昇と下位検査のg負荷との相関の比較

	P1	S1	K1	K1(ad)	P2	S2	K2	K2(ad)
WISC-ⅢからWISC-Ⅳ	−0.284	−0.389	−0.270	**−0.302**	−0.690	−0.333	−0.341	**−0.409**
WAIS-ⅢからWAIS-Ⅳ	+0.260	+0.462	+0.315	**+0.621**	+0.316	+0.394	+0.333	**+0.540**
差	0.540	0.851	0.585	**0.923**	0.649	0.821	0.674	**0.949**

P1は、早期のg負荷すべてとのピアソンの相関係数
S1は、早期のg負荷すべてとのスピアマンの相関係数
K1は、早期のg負荷すべてとのケンドールの相関係数
K1（ad）は、範囲の制限に対する調整を行ったK1
P2は、後期のg負荷すべてとのピアソンの相関係数
S2は、後期のg負荷すべてとのスピアマンの相関係数
K2（ad）は、範囲の制限に対する調整を行ったK2

●表A-1の見方

表A-1に示されている相関を正しく読み取るためには、次の2点に留意する必要がある。第1に、下位検査の得点上昇とg負荷の関係を見るにあたっては、3つの異なる相関係数、すなわち、ピアソンの相関係数、スピアマンの順位相関係数、ケンドールの順位相関係数（Tau-b）を計算すること

ができる。ここにはそれらのすべてが示されているが、このデータの場合、ケンドールの相関係数が最も適している。なぜなら、このデータのようにペア数が10ペアまたは11ペアと少数の場合、ピアソンの相関係数は特殊なペア（外れ値）の影響を受けやすいからである。また、スピアマンの相関係数には同順位のペアがあると相関を過大視する欠点があるが、ケンドールの相関係数ではこの欠点が補正されている。

第2に、3種類の相関係数のいずれにおいても、2組の相関係数が算出されていることである。たとえばWISC-ⅢからWISC-Ⅳへの得点上昇と下位検査のg負荷の相関係数を算出する際に、WISC-Ⅲのg負荷とWISC-Ⅳのg負荷の中間値を用いたくなかった。そこで、両方のg負荷（それぞれ、早期と後期と呼ぶ）を用いて3種類の相関係数を算出し、早期、後期の順に表A-1に示した。

また、表A-1には範囲の制限に対する調整を行ったケンドールの相関係数も示されている。ジェンセン（1998）が指摘しているように、ウェクスラー知能検査の下位検査のg負荷は、すべて＋0.400から＋0.900の限られた範囲（g負荷がほぼ0である靴のひも結びからほぼ1.00であるスーパー・レーヴン検査までを含むg負荷の全範囲のうちの一部）で分布する。そのため範囲の制限に対する調整を行わないと、相関係数が不当に低下する。これはいわば、身長が高い人々だけに限定したサンプルを用いて身長と体重との相関を算出するのと同様である。

表A-1には、範囲の制限に対する調整を行うと、成人と子どもでは際立った対比が生じることが示されている。WISCの修正前後ケンドールの相関係数を比較すると（K1/K2、K1（ad）/K2（ad））、－0.270/－0.341から－0.302/－0.409に上昇している。一方、WAISのケンドールの値は、＋0.315/＋0.333から＋0.621/＋0.540に上昇している。WISCとWAISを合わせた最終的な対比は、0.923、または0.949である。驚くべきことに、成人と子どもはまるで完全に異なる母集団からのサンプルであるかのようである。

●表A-1の基礎データ

表A-1は、一連の表に基づいている。相関ベクトル法を適用するためには、次の4種類のデータが必要になる。（ⅰ）WISCが実施された各時期ごとの下位検査のg負荷の序列、（ⅱ）WISCが実施された各時期ごとの下位検査ごとの得点上昇の序列、（ⅲ）WAISが実施された各時期ごとの下位検査のg負荷の序列、（iv）WAISが実施された各時期ごとの下位検査ごとの得点上昇の序列。各期間の得点上昇、たとえばWISCからWISC-Rでの得点上昇について、上述の早期、後期両方の値が示されている。したがって、早期（その時期の開始時）のWISCのg負荷または後期（その時期の最後）のWISC-Rのg負荷のどちらを使用することも可能である。これらの時期における得点上昇の調整については、表A-2～表A-5を参照いただきたい。

表A-2 WISCの下位検査のg負荷（下位検査の信頼性を修正したもの）

	WISC	WISC-R	WISC-R	WISC-Ⅲ	WISC-Ⅲ	WISC-Ⅳ
単語	0.861	0.913	0.866	0.856	0.859	0.889
知識	0.878	0.843	0.826	0.847	0.847	0.874
算数	0.798	0.714	0.731	0.798	0.813	0.790
理解	0.832	0.844	0.799	0.775	0.785	0.796
類似	0.765	0.841	0.844	0.861	0.861	0.858
絵画配列	0.754	0.681	0.671	0.615	–	–
積木模様	0.671	0.780	0.777	0.755	0.718	0.710
組合せ	0.682	0.735	0.712	0.741	–	–
絵画完成	0.641	0.708	0.683	0.702	0.669	0.682
符号	0.543	0.482	0.485	0.394	0.443	0.507
数唱			0.525	0.497	0.511	0.551
記号探し					0.644	0.636

下位検査の相互相関（未修正）の出典：
WISC（Wechsler, 1949, Table 4 and 5),
WISC-R（Wechsler, 1974, Table 15),
WISC-Ⅲ（Wechsler, 1992, Table C.12),
WISC-Ⅳ（Wechsler, 2003b, Table 5.12).
下位検査の信頼係数（修正済み）の出典：
WISC（Wechsler, 1949, Table 7),
WISC-R（Wechsler, 1974, Table 9),
WISC-Ⅲ（Wechsler, 1992, Table 5.1),
WISC-Ⅳ（Wechsler, 2003b, Table 4.1).

表 A-3 WISCの下位検査の標準化された得点の上昇(下位検査の信頼性を修正したもの)

	WISCから WISC-R	WISCから WISC-R	WISC-Rから WISC-Ⅲ	WISC-Rから WISC-Ⅲ	WISC-Ⅲから WISC-Ⅳ	WISC-Ⅲから WISC-Ⅳ
類似	3.24	3.06	1.44	1.44	0.78	0.75
符号	2.84	2.65	0.82	0.79	0.79	0.76
組合せ	1.70	1.62	1.43	1.45	–	–
積木模様	1.38	1.39	0.98	0.97	1.08	1.08
理解	1.48	1.48	0.68	0.68	0.45	0.44
絵画配列	1.10	1.09	2.22	2.18	–	–
絵画完成	0.94	0.86	1.02	1.02	0.80	0.76
単語	0.42	0.43	0.43	0.43	0.11	0.11
知識	0.51	0.48	−0.33	−0.33	0.33	0.32
算数	0.42	0.41	0.34	0.34	−0.23	−0.21
数唱			0.11	0.11	0.11	0.11
記号探し					1.38	1.35

数唱（Wechsler, 1992, Table 6.8 & Wechsler, 2003b, Table 5.8),
記号探し（Wechsler, 2003b, Table 5.8),
その他すべて（Flynn, 2012a, Table A. Ⅱ 3).
下位検査の信頼係数の出典（調整済み）：表 A-2 参照

表 A-4 WAISの下位検査のg負荷（下位検査の信頼性を修正したもの）

	WAIS	WAIS-R	WAIS-R	WAIS-Ⅲ	WAIS-Ⅲ	WAIS-Ⅳ
単語	0.893	0.880	0.875	0.879	0.878	0.844
知識	0.921	0.865	0.861	0.849	0.845	0.784
算数	0.799	0.835	0.810	0.778	0.795	0.771
理解	0.886	0.849	0.849	0.862	0.853	0.840
類似	0.847	0.858	0.854	0.873	0.866	0.854
絵画配列	0.925	0.814	0.738	0.769	−	−
積木模様	0.783	0.811	0.767	0.752	0.722	0.686
組合せ	0.776	0.792	0.728	0.735	−	−
絵画完成	0.838	0.784	0.768	0.695	0.669	0.623
符号	0.710	0.668	0.657	0.585	0.642	0.656
数唱			0.666	0.558	0.577	0.687
記号探し					0.784	0.628

下位検査の相互相関の出典（未修正）：
WAIS（Wechsler, 1955, Table 8 and 9），
WAISと結合したWAIS-R（Wechsler, 1981, Table 15, 35-44歳），
WAIS-Ⅲと結合したWAIS-R（Wechsler, 1981, Table 16, 9つの年齢），
WAIS-Ⅲ（Wechsler, 1997, Table 4.12），
WAIS-Ⅳ（Wechsler, 2008b, Table 5.1）.
下位検査の信頼係数の出典（修正済み）：
WAIS（Wechsler, 1955, Table 6），
WAISと結合したWAIS-R（Wechsler, 1981, Table 10, 35-44歳），
WAIS-Ⅲと結合したWAIS-R（Wechsler, 1981, Table 10, 9つの年齢），
WAIS-Ⅲ（Wechsler, 1997, Table 3.1），
WAIS-Ⅳ（Wechsler, 2008b, Table 4.1）.

表 A-5　WAISの下位検査の標準化された得点の上昇（下位検査の信頼性を修正したもの）

	WAISから WAIS-R (1)	WAISから WAIS-R (2)	WAIS-Rから WAIS-Ⅲ (1)	WAIS-Rから WAIS-Ⅲ (2)	WAIS-Ⅲから WAIS-Ⅳ (1)	WAIS-Ⅲから WAIS-Ⅳ (2)
類似	2.39	2.39	0.98	0.97	0.75	0.75
符号	1.87	1.96	1.33	1.30	0.22	0.22
理解	2.04	1.96	1.54	1.54	0.43	0.43
絵画完成	1.96	1.96	0.44	0.44	0.99	0.98
単語	1.84	1.84	0.61	0.62	1.04	1.03
組合せ	1.57	1.52	1.09	1.07	–	–
知識	1.15	1.16	0.00	0.00	0.52	0.52
算数	1.10	1.08	−0.33	−0.32	0.00	0.00
積木模様	1.10	1.06	0.75	0.75	0.32	0.32
絵画配列	1.00	0.91	0.70	0.70	–	–
数唱			0.11	0.11	0.32	0.31
記号探し					0.11	0.11

修正されていない下位検査の得点上昇の出典：
記号探し（Wechsler, 2008b, Table 5.1）；その他すべて（Flynn, 2012a, Table A. Ⅱ 2).
下位検査の信頼係数の出典（修正済み）：表 A-4 参照

●計算手順

もし、相関ベクトル法を用いて表 A-1 の相関係数をチェックするだけなら、表 A-2～表 A-5 に示されている修正済みの数値で十分であろう。しかし、もし下位検査の信頼性の差異に対する修正の際の計算手順をチェックするのであれば、修正されていない全得点上昇と g 負荷を、下位検査の信頼係数の平方根によって割らなければならない。その際に必要となるデータの出典は各表の下に記載されている。しかし、読者が出会うであろう諸点について事前に見ておくのがよいだろう。一番の問題点は、初期のデータが少ないことである。

WISC のデータからは、7 歳半と 10 歳半についてのみ下位検査間の相関が得られる。したがって、それらから修正されていない g 負荷を算出しなければならない。また、このデータから、これら 2 つの年齢における下位検査の信頼係数を算出することができる。つまり、最初にこれらの数値の平方根で割って、次にその結果を平均するのである。こうして WISC から WISC-R への得点上昇をすべての年齢に拡大できる。しかしながら、得点上昇と WISC の g 負荷との相関係数および得点上昇と WISC-R の g 負荷との相関係数の両方を計算したい場合には、まず7歳半と10歳半のデータについてWISC-Rの信頼係数を算出し、その平均値を前者として用い、全年齢の平均を後者として用いればよい。そうすれば、それ以降の計算が簡単になる。

WAISからWAIS-Rのデータは、すべての年齢ではなく、35歳～44歳のデータを用いた。これらの年齢における下位検査の信頼係数は不明であるが、25歳～34歳と45歳～54歳についてはわかっているので、2つを平均して割り算に用いている。WAISからWAIS-Rへの得点上昇は35歳～44歳であり、WAIS-RからWAIS-Ⅲへの得点上昇はすべての年齢をカバーしているので、ここでも2セットの信頼係数が必要になる。つまり、35歳～44歳に対するWAIS-Rの信頼係数と、すべての年齢に対するWAIS-Rの信頼係数の平均である。それ以降の計算は簡単である。

●範囲の制限に対する調整の仕方

なぜ範囲の制限のための調整計算が必要かについては、表A-1の説明をする際にすでに述べた。ほとんどの研究ではこの調整がなされていないが、これは必要なことである。なぜなら、g負荷のセットのなかには、標準偏差（SD）が2倍以上も異なる場合があるからである。そのような場合に範囲の制限に対する調整をしないと相関係数の値が大きく違ってくるので、それらを単純に比較することができないのである。なお、下位検査ごとに信頼係数が異なるので、下位検査の得点上昇とg負荷のどちらも修正されていることに注意していただきたい。いずれの値も、信頼係数の平方根で割った値である。

範囲の制限を調整するための最もシンプルな方法は、g負荷の値の標準偏差を算出し、それを標本の標準偏差と見なすことである。この標本が抽出された母集団は標準正規分布に従い、0.001から0.999の範囲のg負荷を持っていると仮定すると、その標準偏差は0.167である。制限された標本での相関係数はすでに算出されている。そこで、これら3つの値を標準化された公式に当てはめて調整を行う。

念のため、事例を挙げて2番目の方法について説明する。取り上げる事例は、下位検査におけるWAIS-ⅢからWAIS-Ⅳへの得点上昇と下位検査のg負荷との間の相関である（WAIS-Ⅳのg負荷を用いる）。

1. 当該のWAIS-Ⅳのg負荷は、0.623～0.854の範囲である。これらの値を中央値が0.500の正規分布に位置づけると、標本の範囲は中央値を超えた0.74SD〜2.12SDの間にあることになる。つまり、0.123/0.167 = 0.74、0.354/0.167 = 2.12である。

2. したがって、この標本は77.04〜98.30パーセンタイルをカバーしていることになり、下部で77.04%欠損しており、上部で1.70%欠損している。そのため上部の欠損は正規分布曲線の標準偏差を0.048分減少させ、下部の欠損は標準偏差を0.480分減少させることになり、欠損の合計は0.528である。これは標本の標準偏差が母集団の標準偏差では0.472となることを示している。

3. 以上で調整に必要な値がすべて揃ったことになる。つまり、標本の相関 = + 0.333、標本の標準偏差 = 0.472、母集団の標準偏差 = 1.000である。母集団の標準偏差は、標本の標準偏差が小数で表されるので、ここでは1として設定されている（母集団の標準偏差の0.472）。

4. これらの値を標準的な公式に当てはめると、相関係数が調整前の+0.333から調整後の+0.599に上昇する（WAIS-ⅢからWAIS-Ⅳ）。

●範囲の制限のために調整された値

表A-1は、ほぼ同時期の子ども（WISC）の負の相関と成人（WAIS）の正の相関の比較をするために、範囲の制限を調整した値を強調している（太字）。すなわち、1992年（1989年と1995年）から2004年（2002年と2006年）である。なお、2番目の方法の値はほとんど変わらず実際的に差がないので、私は1番目の方法のみを使用した。比較のために、表A-6には調整されていない値、第1の方法を用いて調整された値、第2の方法を用いて調整された値が示されている。第1の方法によって調整した値は太字で示されており、この値が表A-1に示されている。

表A-6 表A-1から、ケンドールのTau-bの調整されていない相関と第1の方法または第2の方法のどちらかによって修正された場合

	未調整	第1の方法	第2の方法
WISC-ⅢからWISC-Ⅳ（WISC-Ⅲg負荷）	−0.270	**−0.302**	−0.408
WISC-ⅢからWISC-Ⅳ（WISC-Ⅳg負荷）	−0.341	**−0.409**	−0.523
WAIS-ⅢからWAIS-Ⅳ（WAIS-Ⅲg負荷）	+0.315	**+0.621**	+0.548
WAIS-ⅢからWAIS-Ⅳ（WAIS-Ⅳg負荷）	+0.333	**+0.540**	+0.599

表2-2には、符号検査の得点上昇をゼロと仮定すると相関係数がどうなるかを確かめるために私が行った分析結果が示されている。この表を見れば、

下位検査の全体的得点上昇は、この1つの下位検査（最も負荷が小さい下位検査）の得点上昇によって生じたものであるという主張がいかに馬鹿げた議論であるかがわかるだろう。表A-7には未調整、第1の方法による調整、第2の方法による調整値のすべての値が示されており、太字は表2-2と同じである。

表A-7 表2-2から、ケンドールのTau-bの調整されていない相関と、第1の方法または第2の方法のどちらかによって修正された場合

	未調整	第1の方法	第2の方法
WAISからWAIS-R（WAISg負荷）	+0.209	**+0.319**	+0.462
WAISからWAIS-R（WAIS-Rg負荷）	+0.315	**+0.516**	+0.644
WAIS-RからWAIS-Ⅲ（WAIS-Rg負荷）	+0.037	**+0.080**	+0.088
WAIS-RからWAIS-Ⅲ（WAIS-Ⅲg負荷）	+0.147	**+0.220**	+0.282
WAIS-ⅢからWAIS-Ⅳ（WAIS-Ⅲg負荷）	+0.386	**+0.550**	+0.637
WAIS-ⅢからWAIS-Ⅳ（WAIS-Ⅳg負荷）	+0.3115	**+0.672**	+0.575

表2-3には、アメリカの成人が高等教育を享受したのと同じだけの教育をアメリカの子どもたちも享受したと仮定すると、相関がどうなるかを試算した結果が示されている。この表を見ると、WISCとWAISの相関係数の差が約半分にまで減少することがわかるだろう。なお、第2の方法による範囲の制限に対する調整は、その必要はないことが明らかなので、表には示されていない。

3章　劣生学と優生学

環境が人類の認知能力をいかに拡大したかを称揚すれば、その一方で人類の進歩にとって重要な何かを見逃すことになる。なぜなら環境と遺伝子の相互作用が遺伝子の質を劣化させ、そのことが長期的には、人類の進歩にとって悪影響を及ぼすかもしれないからである。自然淘汰によって、私たち人類は遺伝子を進化させ、より高度な認知的能力を発揮する生物へと進化した。しかしながらその逆に、せっかく苦労して獲得した高度な認知的能力が失われたことを示す歴史上の出来事があったかもしれない。

劣生学の傾向とは、現世代の遺伝子に影響を及ぼす何らかの出来事が次世代のIQ低下をもたらすすべてを指し、優生学はその逆である。ヒットラーは、これらの用語に汚点を残した。なぜなら彼は、特定の集団の抹殺と避妊手術の強要をその手段としたからである。彼が行ったのは基本的には次のことである。すなわち、精神遅滞者に避妊手術を強要し（非人道的であるばかりでなく、彼らは遺伝子の過剰再生産をする傾向はないので、その必要はない）、ポーランド人やジプシーのような非アーリア人を劣等であると偽って抹殺し、また優生学とは関係のない根拠で特定の集団を抹殺した。たとえばユダヤ人は精神的に劣った遺伝子を持っていると考えられていたわけではなかったが、ヨーロッパ文化を汚染する人格特性を持っていると見なされた。また、共産主義者と社会主義者は、単に政敵であるにすぎなかった。

私は優生学を支持する大方の人々の仮定に決して共感を覚えない。ましてヒットラーは論外である。だが、人類の遺伝的要因を向上させるという目的は、認知的能力に関連している限りにおいて、さらに、そのための方法が適切と判断される限りにおいて、本質的に悪いことではないと考えている。

3-1 ポル・ポトとカンボジア

独裁的支配者は、その政治的意図が何であるにせよ、劣生学的な影響を及ぼす抹殺を実行することができる。たとえば1973年から1976年の間にポル・ポトは、数百万人ものカンボジア人（カンプチア人民共和国の人々）を抹殺した。抹殺の規準は純粋に政治的なものであったが、遺伝的に優れたIQを持つ人たちを多少とも差別することになった。彼は、都会の居住者（貧窮した田舎を捨てて都会で仕事を見つけた人々なので、多少優れていたと考えられる）とエリートと見なされたすべての人々（教育を受けることはある程度競争的であり、通常は優れた才能を持つ人が選抜される）を排除しようとした。また、眼鏡をかけていることも規準の1つとして使われた。眼鏡をかけている人々は、文字の読み書きをする仕事のためにそれを必要とする、経済的にゆとりがある人々であった。さらに、ポル・ポトは、すべての自転車を破壊した。

さて、ポル・ポトは、どの程度カンボジア人のIQの平均値を低下させたのだろうか？　スニック（Sunic, 2009）は、クロアチア人の平均IQを90と推定している。彼は、1945年に共産主義者たちが数十万人ものクロアチアの中流階級の人々を大量虐殺したことがIQ低下の原因かどうかを問題にした。彼は、いかなる理由があったにせよ、共産主義者たちは自分たちよりも成功して知的能力が高い人々に対する憎しみに動機づけられて、エリートの虐殺をしたのだと非難している。そして彼は、この共産主義者によるエリート虐殺は東ヨーロッパ全体の知的水準を低下させたと推論している（p.3-5）。「多くの知的能力の高い人々が抹殺されたために、彼らの優れた遺伝子が子孫には受け継がれなかった。」カンボジアほどの大規模な大量虐殺が実行された国は他に例がない。それゆえ、カンボジア人の平均IQがどの程度低下したかが公に論じられてきたことは、決して驚くに当たらない（Learning Diary, 2009）。

しかし、この問題は簡単な計算によって解決することができる。ポル・ポトは約170万人から250万人もの人々を抹殺した。ここではその数を210万人、つまりカンボジアの800万の人口の約26%だったと推定しよう

(Kiernan, 2002)。もしポル・ポトが抹殺の基準として知能検査を使用したとすると、トップの26%が排除され、抹殺を免れた人々のIQを6.4ポイント下げたであろう。そして、この損失のかなりの部分が彼らの子孫に受け継がれたであろう。ただし、前述したように、ポル・ポトは実際には抹殺の規準として、知能検査ではなく職業を用いたのである。

ポル・ポトの虐殺の被害者となった人々の職業的地位と彼らの子どもたち（もはや生まれてはこないのであるが）のIQの相関がどの程度であったのかは不明である。しかし、半農耕社会においては、おそらく米国での相関よりも低かったであろう。その当時のアメリカでは、その相関が0.300であったと推定できる（Flynn, 2000b）。したがって、仮に職業によって米国の人口のトップ26%を排除しても、その子どもたちのIQの平均値は1.92低下するにすぎない。さらに、ポル・ポトは純粋に職業的地位を実際の抹殺の規準としたのではなかった。その証拠に、虐殺を実行した彼の取り巻きたちの多くは知識人であった（ちなみにポル・ポト自身もソルボンヌ大学に入学した。もっとも、すべての教科で落第したのであるが）。さらに、彼が首都プノンペンに住む人々のすべてを排除しようとしたとき、その中には職業的地位が低い人も多く含まれていた。以上を総合すると、カンボジアの人々の遺伝的資産は、IQ得点に換算して1ポイントも低下しなかったのではないかと推定できる。つまり、カンボジアの人々の知的能力は、ポル・ポトの抹殺による被害をほとんど受けなかったと考えられる。

カンボジアの目覚ましい復興が、そのことを証明している。ポル・ポト軍の残存者によって苦しめられたにもかかわらず、1979年に就任したヘン・サムリン新政権は、見事な復興を成し遂げた。新政権は、飢えの問題、学校、本、病院、警察、裁判所、市民サービス、郵便・電話・ラジオ・テレビなど通信事業の復興に着手し、1985年までに新しい行政的エリートと技術的エリートを育成した。そして社会は正常に戻ったのである（Flynn, 2012b）。

以上のように、ポル・ポトがカンボジア人の遺伝子に及ぼした影響を推定することができるが、それだけでなく、ポル・ポトの世界史上で最も忌まわしい出来事が遺伝子に及ぼした影響には、一定の限界があることも示している。言うまでもなく、全体主義の罪は許されるべきではない。なぜなら全体主義が人間の理性に与える影響は、遺伝子の劣化よりもはるかに甚大だからである。その一例は、ナチ政権のユダヤ人排斥が傘下の科学アカデミーの頭脳を麻痺させたことであろう。彼らは愚かにも地球の中核は氷（特別な氷ではなく、ごく普通の氷）で満たされているというナチの学説の調査を実行したのだった。また、1492年にスペインからユダヤ人が追放されたことも、スペインの知的エリートに悪影響を及ぼした。しかしながら、独裁的支配者が何を行おうと、彼らは人類の認知にとっての資産である遺伝子を劣化させることはなかったのである。

ところで、スニック（2009, p.2-5）は、他の行動特性に対しても、遺伝子の負の淘汰をもたらしたのではないかと推論している。「共産主義は……共産主義に適合した特性を持つ亜種を生み出したのだろうか？」たとえば、個人的な自由がほとんどない状態を快適だと感じる人々を生み出したのだろうか？　この問いに答えることを私が差し控えても許されるであろう。

3-2 遺伝子の再生産パターン

世界史の出来事についての検討はさておき、ごく普通の遺伝子の再生産パターンが、先進諸国では、ゆっくり、しかし絶え間なくIQの遺伝子の劣化をもたらしているのではないかという危惧を感じている人々がいる。近年ではキャッテル（Cattell, R. B.）、マレーとハーンスタイン（Murray, C. & Herrnstein, R. J.）、リン（Lynn, R.）らが、そうした劣生学の傾向を問題にしている。

レイモンド・B・キャッテル（Cattell, 1938, 1972, 1987）の主張はかなり特殊ではあるが、一聴の価値はあるだろう。彼は好戦的な人々ではなく、むしろ平和主義の人々が子孫を残すことを嘆き、次のように述べている。好戦的な社会だけが人類をより高度な種へと進化させる。だから国境を越えて子孫を残すべきではない。なぜなら、戦いに勝利することによって進化する遺伝子が、山頂に孤立していたバッタが多様な種に分かれていくように、弱者の遺伝子によって薄められてはならないからである。権力闘争では、必ずしも負けた国民や人種を滅ぼす必要はない。彼らが子孫を残さないことに同意しさえすれば、福祉を与えてもよい。インド人はカルビン派の倫理観が欠如しているので信用できないし、黒人は絶望的だ。だから知性不足の人種は、たとえユーモアや信心深さのような魅力的な特質があっても、保護地区で子孫を残さないようにするべきである（1930年代の後にはトーンダウンした）。もし、核戦争によって、生き残った知識人が突然変異で進化の速度を速めることになれば、それも悪いことではないだろう。宇宙からエイリアンが交信してこないのは、エイリアンは、全体の幸福という進化の潜在的可能性を伴わない哀れな選択をしたからである。

他方、リンは、遺伝子劣化の多様な側面を問題にしている。『劣生学』（Lynn, 1996）によれば、1850年に先進社会において遺伝子の再生産は優生学的傾向から劣生学的傾向へと転じた。

それ以前には、上流階級の人々は彼らの遺伝子を次世代に効果的に受け渡すことができていた。上流階級の子どもたちは成人期まで生き抜く可能性が高く、下層階級の子どもたちは、貧困、疾病、育児放棄のために死亡率が高かった。また、下層階級ではしばしば新生児を遺棄して死に至らしめた。ところが1850年以降、次第に公衆衛生の状況が改善し、社会が豊かになり、母子家庭や下層階級の子どもに対する社会福祉の事情も良くなり、下層階級の子どもの生存率が高まって、階層間の死亡率の格差が減少する傾向に転じた。同じく重要な変化として、知識階級に属し自己制御力が高い人々は避妊をするようになり、避妊をしない下層階級の出生率のほうが高くなり始めた。現代の学校教育は社会階層とIQの相関を高めたが、高学歴の階層のほうが低学歴の階層よりも子どもの数が少ない傾向がある。その結果、IQの低い人々のほうがIQの高い人々よりも、効果的に彼らの遺伝子を子孫に受け渡し始めたのである（Lynn, 1996, chap. 2 & 3）。

3-2-1 劣等人間の掛け算

興味深いことに、人は時折、予想外の側面を垣間見せることがある。ダーウィンは紛れもなく善良な人であり、私は歴史的時代背景を度外視して彼を非難するつもりはない。しかしながら彼の言説は時折、社会階層の底辺に属する人々に対する、彼の時代の偏見を反映していたようである。

ダーウィン（Darwin, 1871, p.510）は、医師が結果的にすべての人々の寿命を延ばしたことを次のように嘆いている。「……文明社会の弱者が彼らの同類を広める。これは人類にとって大いに有害であることを誰も疑わないだろう。」ダーウィンとは独立に自然淘汰説を唱えたアルフレッド・ラッセル・ウォレスは、2人の間で交わした会話の記録を残している(Wallace, 1890, p.93)。それによれば、ダーウィンは「下層階級」の過剰再生産の傾向を憂い、彼らを「劣等人間」であり余剰な人員であると見なしていた。ウォレスの記憶が誤っているかもしれないが、1890年までに、ウォレスはダーウィンの「文明社会」に対するイメージを全面的に否定し、当時の英国社会は非常に邪悪で不公平だったので、誰が適者で誰がそうではないかについての偏った判断を許したのだ、と断じている。ウォレスはダーウィンを尊敬していたので、彼が根拠なしにこうした見解を述べたとは考えられない。

スペンサー(Spencer, 1874, p.286)は、「悪いものを手助けすること」は「無価値なもののために良いもの」を排除することになって社会の妨害となると嘆いている。また、ウィリアム・グラハム・サムナーも、彼らを怠惰で、価値がなく、唾棄すべきものだと断じている(Flynn, 2000a)。このように、ダーウィン、スペンサー、サムナーの三者が揃って当時の福祉国家の芽生えを酷評し、しかも、サムナーは不適格者を助ける私的な慈善事業に対して反対運動を組織したのである。

劣等人間が世代を超えて永続することに対する不安は、「彼らが持っている何かが彼らの子孫も確実に劣等人間にする」という仮説に基づいている。1870年の時点では、まだ「遺伝子」の存在は知られていなかった。しかし当時のエリート階級の人々の多くは、大多数の人々は救い難い遺伝的形質を持っていると信じていたことに間違いはない。今日でこそ「劣等」という差別的用語を使う失礼な人はいないだろうが、こうした考え方自体は、現在もなお根強く生きている。社会の大多数の遺伝子と言うとき、それは彼らのIQや教育困難性、福祉依存傾向、犯罪傾向などの個人的特性がその時代に固定しており、社会的条件が新しくなっても変化することはないという考えを意味している。

私は当時使われていた言葉をあえてそのまま使うことにする。すなわち大多数の人間は「劣等」である。「除去すべき人」と言い換えてもよい。端的に言えば、「おまえたちはおまえたちのような子孫を作ってしまうだろうから、我々はおまえたちの遺伝子を除去したいのだ」ということである。言い方はどうであれ、ここには私たち人類の心と人間性は凍結されているという仮定がある。しかし、この仮定は間違いであることを歴史が証明している。かつて私は、一人親になってしまう黒人女性の割合は、自立できる黒人男性配偶者の割合が変化するのに応じて変化するだろうと述べたことがある。自立可能な男性が多ければ、より多くの黒人女性が夫を見つける。一方、自立可能な男性がわずかしかいなければ、黒人女性のわずかしか夫を見つけることができず、彼女たちの多くが、一人親（シングルマザー）になるのである（Flynn, 2008）。

私は「今日の劣等人間は明日の劣等人間」という考え方を否定する。もし、ある社会に一定の割合でIQの低い人々がいれば、彼らはIQの低さのために「劣等人間」の烙印を押されるだろう。そして、世代を経るごとにIQが低下すれば、その社会の「劣等人間」の割合は増加することになる。逆に、もし世代を経るごとに下層階級の人々が「劣等人間」でなくなれば、つまり、もし彼らが永久に「劣等人間」でないのであれば、IQの低い人々、すなわち望ましくない個人的特性を持つ人々の割合が次第に減ることになる。本書の趣旨は、社会が近代化するのに伴って、時代とともに、人々の精神や能力がどのように変容してきたのかを跡づけることに外ならない。

3-2-2 アメリカとイギリス

リン（2011, pp.104）は、イギリスのデータを用いて、知的能力に対する遺伝子の質に関して、1890年から1980年の間にIQにして4.4ポイントの低下があったと推定している。リンはまた、アメリカの白人の場合には、1885年から2010年の間にIQにして5.0ポイントの低下が生じたと推定している。もしそうであったとしても、この遺伝子の劣化は、劣等人間を増加させなかった。その期間に、実際にはIQの平均値が30ポイントほど上昇し、エリートが劣等人間だと見なした大勢の人々が現代社会の担い手となった。こうしたIQ上昇は世界中のほとんどの国々でIQ尺度の全体にわたって一様に生じているが、特にIQ尺度の分布で低得点の人々のほうがやや大きな得点上昇を示している。このことは、下層階級の人々の多くが、今日では私たちの周りに見られる普通の人々になったことを意味している。つまり、彼らは教育が可能になり、上流階級の特権だと考えられていた重要な社会的役割を担うようになり、1850年の時点に比べると暴力的でなくなるなどの変化が生じているのである。

多少の説明を加えておくと、リンは下層階級の人々を全面的に非難しているのではなく、どのような人々が遺伝子の再生産を許されるべきではないかについて注意深く規定しようとしている。チャールズ・マレーは、アメリカ人のほとんどがそう信じているように、一般にアメリカ人は誰もが、親類縁者や世間の人々から高く評価されるような高い立場に立つに値すると信じている。しかし、心は本質的に凍結されているという考え方が、マレーの主張のなかには見え隠れしている（リンの引用によれば）。彼は、他の条件が同じならば、今の世代でIQが3ポイント低下することは福祉に依存する女性の数が継続的に7%ずつ増加し、私生児が8%、刑務所に拘留される男性が12%、高校の中退数は約15%増加することを示す表を提示している（Herrnstein & Murray, 1994）。

リンもハーンスタインとマレーも、「フリン効果」に言及している（これはマレーの造語である）。マレーは「他の条件が同じならば、社会統計量は次第に悪化するだろう」と言っているが、おそらく彼は、時代に伴うIQの上昇がすでに終わったという事実をこれに含めているのだろう。しかし彼らは、知能や人格特性の陶冶可能性はまだかなり残っているので、優生学者の予測はきわめて時期尚早であることを十分に理解していないのである。リンは、土壌（環境）が絶えず豊かになっていれば種（遺伝子）の劣化は問題にしなくてよいということにはならないと指摘している。IQ上昇が止まったのであれば、その主張にも一理あるかもしれない。しかし、少なくとも過去150年間は、土壌が非常に荒れていたので豊かにする余地が十分にあり、環境の改善が遺伝子の劣化を乗り越えてきたのである。

3-2-3 国際的なデータ

リン（1996, pp.99, 117, 118, 133）は、遺伝的要因によるIQ低下がイングランド、スコットランド、北アイルランドなどの英国連合国のほか、アイルランド、オーストラリア、カナダ、ヨーロッパ大陸の多くの国々において繰り返されてきたことを明らかにした。ただし、例外が2つある。

例外の1つはスウェーデンである。1970年頃、スウェーデンで親のIQと親と同居中の子どもの数に関するデータがストックホルム郊外在住（ストックホルム市は除く）の1746名の住民を対象に収集された（Lynn, 1996, p.98）。その結果、子どもがまだ同居中の26歳～45歳の親の場合、多少優生学的であることがわかった。すなわち、IQが94以下の親には平均1.6人の子どもがいるのに対し、IQが95以上の親には平均1.7人の子どもがいた。46歳～65歳の年配の親の場合も、ほぼ同じパターンを示していた。この年齢グループに関して、リンは、実家を離れた子どもはIQの低い家庭でより顕著であり、一般的に若い頃に結婚し自分の子どもを持っていることが多いと指摘している。しかしながら、結婚していない子どもに関しては、親のIQが高い家庭で、自立心が高く、より高等教育を目指すかあるいは就職のために同様に実家を離れる子どもが多いという傾向が見られた。リンが述べているように、この調査の標本は主にスウェーデン郊外の住民なので、農村部の住民のデータも含めて分析するべきであろう。彼は農村部の住人はIQが低く出産率が高い傾向があると述べているが、そのことは重要ではない。彼らのIQ平均を95と推定することにしよう。そして、もしIQがこの平均値よりも高い住民のほうが低い住民よりもわずかでも子どもの数が多い傾向があれば、農村部においても多少優生学的な傾向を示すだろう。

この研究の調査対象になった親は、1905年～1944年の間に生まれた人々だと推定される。リン（2011, p.181）は、社会経済的地位（以下、SES）によってクラス分けされた1945年～1950年の間に生まれたスウェーデンの男女を調査対象にした最近の研究を引用して、父親と母親を合わせたデータを用いた場合には、SESが平均よりも上の階級と下の階級の子どもの数は同じであるが、最上級の階層では、わずかに子どもの数が多い優生学的な傾向が見られた。したがってこれらのデータを総合すれば、スウェーデンは優生学的でも劣生学的でもない。

例外の2つ目はノルウェーである。リン（1996, p.133; 2011, p.181）は、SESによってクラス分けされた階級ごとの子どもの数を国ごとに一覧表にして示しており、その中にノルウェーのデータも含まれている。なお、この表（そしてこの本）の中のその他の国々の劣生学傾向の比率についての解説は、ここでは割愛する。彼は1885年～1900年に生まれたノルウェー人の親の劣生学的傾向の比率を1.6と推定している。この1.6という数値は、SESが最も低い階級である第5階級（大人1人につき6.07人の子ども）を第1階級（3.80人）によって単に割ったものである。この数値は各階級の大きさ（人数）とIQの平均が考慮されていないので、劣生学的傾向の比率を示す真の推定値とは言えない。そこで私は、各階級の大きさ（人数）が同じであると仮定し、各階級の数値を全階級の合計で割ることによって、次世代における各階級の人数が全体に占める比率（パーセント）を推定した。そして次に、中流階級より上の比率から中流階級より下の比率を引き算することで、中流階級より上の比率で補正された中流より下の階級の出生率を推定してみた。すると、この比率は11.01になり、私はこれを「ネガティブな損失」と呼んでいる。

このような方法で修正したノルウェー人のデータは非常に興味深い。すなわち、1885年～1890年に生まれた人々、および1925年～1930年に生まれた人々の4つのデータセットでは、この「ネガティブな損失」が11.01から12.14、10.42、0.39へと推移し、すなわち実質的にゼロとなっているのである。なお、最後の数値（0.39）は、IQに換算すると世代間で約0.10ポイントの損失になるだろう。

サンデット、バレン、タムス（Sundet, Borren, & Tambs, 2008）らは、より大きなデータセットによってノルウェーの最近の傾向を分析している。ノルウェーの軍隊では長い期間、19歳のすべての男性（95%）を対象に知能テストが実施されている。なお、その際に利用されてされているテストバッテリーは、レーヴン検査とウェクスラー知能検査の算数と類似の下位検査に似た検査である。そこで彼らは、この資料に基づいて、1950年～1965年に生まれた10万人の男性のIQを算出した。そして、2000年に(男性が35歳～52歳のとき)、彼らはノルウェーの人口調査データで名前を照合し、子どもの数を調べた。その結果、父親のIQと子どもの数の間の相関係数は0.02で、わずかに正の相関（優生学学的傾向）であることが明らかになった。また、その人口調査では父親の教育レベルについても調査されている。そこで、父親の教育レベルを高レベル、中レベル、低レベルに分類し、父親の教育レベルと子どもの数の相関係数を算出したところ、興味深いことに、1950年頃に生まれた父親の場合は0.16の負の相関が見られた。しかしながら、1965年に生まれた父親の場合は、0.05のわずかな負の相関に減少した。

ノルウェーの劣生学的な傾向がいつ消失したのかを示す決定的なデー

タがある。1957年～1959年に徴兵によって検査された兵は当時19歳で、彼らの親はほぼ1913年～1915年よりも前に生まれた世代である。それゆえ、彼らのデータから1世紀前の遺伝子再生産のパターンを推定できる。そこで徴集兵のIQレベルと兄弟数の関係を調べると、約0.20の負の相関が見られた。これは1925年以前に生まれた親は劣生学的な遺伝子再生産のパターンを示していたというリンの主張を裏付けるものと言える。しかし、1969年～2002年に検査された徴集兵の親は1925年～1958年に生まれた人々であり、その場合は0.045の小さい負の相関へと減少した。1958年という年は、1950年～1965年の間に位置しており、私たちのデータによると、その時期に小さな正の相関（優生学的な傾向）へ移行したことが明らかになっている。したがって、ノルウェーはスウェーデンと同様に、現在は劣生学的な傾向が消失したと考えられる。

スウェーデンとノルウェーが例外的であるという事実には、次の3点が関わっている。すなわち、IQの上昇が持続しているかどうか、劣生学的な再生産の傾向が持続しているかどうか、福祉国家であるかどうかである。このうちスカンジナビア諸国ではIQ上昇が終わったことが重要である。なぜなら、もし社会階層による劣生学的傾向がスカンジナビア諸国において持続していたならば、その傾向がフリン効果によって相殺されることはないからである。しかし、劣生学的傾向は持続していない。このことは、劣生学的な傾向を嘆き福祉国家を批判する人々に事実の再検討を促している。彼らはごく簡単な方法で、自分たちの主張を根拠づけることさえしていない。つまり、すべての先進国を福祉国家としての成熟度に基づいて順位づけ、さらに劣生学的傾向に基づいて順位づけ、そして、それら2つの順位の間の相関が一致することを示すべきなのである。

スウェーデンとノルウェーは福祉国家の序列のトップに位置していると思われる。それゆえ、このような分析を行えば、彼らの主張の反証になるだろう。スカンジナビアの国々は、福祉政策や種々の進歩的政策を用いることによって、相対的に平等で階級のない社会を作り上げてきた。そして、平等社会（すべての人々に対する教育機会と生活の質の保障、家庭での適切な保育と最適な子どもと大人の割合、職場でのキャリア発達や昇進の保障、そして、すべての階層における避妊法の平等な普及）は、IQ上昇の終焉をもたらすようである。また、こうしたことが、遺伝子の劣生学的な再生産パターンの階級間格差も消失させるようである。要するに、幸運な偶然によって、平等化政策はIQ上昇と劣生学の傾向の両方を同時に終わらせるのである。そのため、IQ上昇によって劣生学的な傾向の埋め合わせをする必要はないのである。

3-2-4 福祉国家

福祉国家をなくすことが劣生学的な遺伝子の再生産を終わらせるための効果的な方法だとする考え方には問題がある。かつては福祉国家がなくなれば母子家庭の母親と子どもがいなくなって、劣生学的な再生産の傾向が改善されるだろうと信じられていた。しかし今日、母親が生まれたばかりの自分の子どもをごみの山に捨てるような時代に戻りたいと考えている人はいないだろう。しかしながら、ハーンスタインとマレー（1994, pp.544-549）は、次の2つの提案を支持している。すなわち第1は、既婚か未婚かにかかわらず、子どもがいるすべての女性への政府の支援プログラムを終結するべきだとする提案であり、第2は、未婚の母親には、父親に自分の子どもへの援助を要求する法的根拠はないという提案である。

彼らは、第1の提案は貧しい母親が子どもを持つことを抑制するだろうと論じている。しかし、この提案には議論の余地がある。なぜなら世界中の至るところで、経済的に困窮している貧しい人々がより多くの子どもを持っているからである。ニュージーランドでは、児童手当を貯めて家を買う人もいて、そのことが社会の大多数の人々の子どもを多く持とうとする傾向を助長した。世界は今や過剰人口であることを考えれば、里親に子どもを出すことも含めて生涯に持てる子どもの数を制限することは、人口抑制効果があるかもしれない。しかし、それにはまた別の問題があり、困難も多い。第2の提案は、男性が婚外子を作るのを促すことになるのがオチだろう。そして彼らは、刑務所に収容されると脅さない限り、代償を払わないだろう。福祉国家をなくし福祉依存を終わらせ、貧しい人々に高賃金の仕事を提供することによって、彼らの生活が結果的には改善するかもしれない。しかし、私はここで経済政策の議論をするつもりはない。ただ、「下層階級」が消失し、福祉国家に頼っていたことを恥ずかしいと思う例となるような社会を待望している。

「どうすればニュージーランドは階級間の劣生学的な再生産をなくすこ

とができるのか」と尋ねられたとき、私は「貧困をなくして平等な社会を創造しよう」と述べたが、スウェーデンとノルウェーの事例は、なぜ私がそう答えたかを示唆している。私は、「ニュージーランドまたはヨーロッパでそれが起きるだろうか」と尋ねられたとき、起きそうもないと言わざるを得なかった。そして、「IQの上昇がほとんどの先進国で持続すると保証できるか」と尋ねられたとき、それは保証できないと答えた。未来の社会が人々の認知的能力に何を求めるかを知っている人が、はたしているだろうか？　上流階級の人々は、かつて古代ローマの市民が陥ったような退屈と退廃に流れやすいかもしれない。下層階級の人々の医療改善は、止まってしまうかもしれない。

では、私たちの未来にはどんな希望の選択肢があるのだろうか（スカンジナビア諸国が採用した選択肢の他に）？　私たちはみな、さらに知的な社会の到来を望んでいる。「真善美」に充ち満ちた社会である。しかし、世紀から世紀へと、IQ遺伝子が劣化していくという見通しは、たとえ環境改善でそれを補えたとしても、決して望ましくはない。

3-2-5 新しい優生学

ほとんどの先進諸国において伝統的に繰り返されてきた階級間の遺伝子再生産のパターンを前提にすれば、パニックに陥る必要はないだろう。リン（2011, pp.99, 102, 103）は、アメリカやイギリスの現在の劣性学的な出生率が継続すれば、1世代につきIQが0.80ポイントずつ低下するだろうと推定している。ただし、この推定は環境的要因と遺伝的要因が区別されていないので、彼はこの値に0.71を掛けて補正している（彼の遺伝率の推定値は細かい）。したがって、0.80 × 0.71 = 0.57となり、1世代につき0.57ポイントの遺伝的要因によるIQ低下となる。つまり100年で（3.33世代）、2ポイント弱のIQ低下が見込まれることになる。さて、このIQ低下を相殺するために、次の世紀にかけて何が起こるだろうか？　すなわち、下層階級が上流階級よりも子どもを多く持つという状況を変化させる条件は何なのだろうか？

『優生学 ── 再評価』（2001）において、リンは新しい優生学と呼ぶ有望な方法を検討している。これには2つの提案が含まれている。すなわち、すべての階級に避妊法を普及させること、および、中絶せずに出産する子どもの質を向上させるための産婦人科医療技術の普及である。

下層階級と道徳心のない女性に避妊法を普及させようというリンの提案に、私は特に異論はない。なぜなら彼らは、他の階級と比べて、特に子どもを欲しがっているわけではないからである（Lynn, 2001, p.166）。例えば、ピルを例にとってみよう。きちんとした人なら、ピルを毎日飲むだろう。しかし道徳心に欠けている人は、避妊せずにセックスをするかもしれない。実際、さまざまな避妊具の利点についての正確な情報を知らないかもしれない（特に、事後経口避妊薬について）。米国は避妊法に関する高度な知識の普及という点で、西ヨーロッパに大幅な後れをとっている。さらには、妊娠中絶に消極的な医師の言いなりということになりそうである。

避妊法に関して、リンは興味深い指摘をしている。思春期の段階ですべての女性が妊娠しないように規制し、もしどうしても妊娠したければ何らかの方法を用いなければならないようになったと仮定してみよう。もし自分の妊娠を自分で計画せざるを得ないようになれば、おそらく計画的な人のほうが無計画な人よりも有利になるだろう。そして、無計画な妊娠への下層階級の偏りは、一夜にして計画的な妊娠への上流階級の偏りに転換するだろう。リンが言及しているように、すでに皮膚下に挿入して５年間妊娠を抑制することができるノルプラントⅡ（Norplant Ⅱ）という避妊薬が開発されている。この避妊薬はいつでも取り外せ、（避妊薬によって引き起こされた）プロゲスティンの流入を止めることができる。また、５年経過後に更新も可能である。近い将来、科学の進歩によって、思春期以後のすべての女性（または男性）の生殖力を一時的になくすための、安全で効果的な避妊法が開発されるかもしれない。

すべての子どもが妊娠しないための「予防接種」を受けるようにする動機は何だろうか？　この点についての予測は難しいが、思春期がどんどん早まっていることが可能性としてあるかもしれない。もし中流階級の11歳の子どもが妊娠したり子どもを産ませたりすれば、それが動機となるかもしれない。理想的には、すべての子どもたちが種々の疾病に対して予防接種をするように、妊娠しないための予防接種をすることである。予防接種が無理なら、すべての子どもに避妊具を使用できるようにし、カウンセリングを行うことである。そのための場所として、ヨーロッパでは理髪店が使われているようである。しかし、アメリカでは女性が気軽に立ち寄りやすい場所、たとえばスーパーマーケットの近くに助言を与えたり避妊法について教えたりするカウンセラーを配置するのがよいだろう。

リンが最も期待しているのは、中絶せずに出産した子どもの質を向上させることである。中絶に関しては、遺伝的な疾病や障害に加えてダウン症候群の胎児の出生前診断が可能であり、これらの産婦人科医療技術はほぼどこでも利用できる。生まれてくる子どもの質を向上させることに関しては、遺伝子工学、クローン化を含めた試験管内受精のような、選別ドナーによる人工授精技術が進歩している。これらの技術がすべての人々にとって実用可能になればよいのだろうが、多くの社会では高額の費用がかかるために、たとえば上流階級の80%で実用される程度に止まるかもしれない。いずれにせよ、これらの技術が意味するのは、多くの親たちが高い知性の健康な遺伝子によって交配された子どもを持つことを選択するだろうということである。遺伝子の質の向上というキャッテルの夢が、彼の現実離れしたシナリオなしに現実になりつつあるのかもしれない。

リンは、全体主義政権のほうが民主主義政権よりも、これらの新しい優生学を活用する可能性が高いだろうと予想している（東ヨーロッパがオリンピックのためにエリート選手を作り出したように）。彼らはまた、遺伝的な障害、ソシオパス、犯罪常習者、ダウン症候群などの再生産を防ぐ不妊医療技術を活用するだろう。しかしながら、後述するように、全体主義政権の利点は、移民の統制である。この点に関して、全体主義国家と人間の知性の記録には闇の側面がつきまとうことを付け加えておく。

3-3　人種と移民

これまで私たちは、アメリカとヨーロッパの階級構成を固定したものとして扱ってきた。すなわち、それぞれの国内での自然増加だけを想定してきた。しかし、実際には移民によって人口増加が生じている国もある。

リン（2001）は、ほとんどすべての欧州諸国にとっての関心事である移民の影響について次のように論じている。欧州諸国のなかには、人材不足の分野の技術を持つ移民だけを受け入れることによって移民を統制している国もある。ヨーロッパ連合は互いの国境間の移動という移民問題を抱え、アメリカはメキシコから密入国する移民の問題を抱えている。民主党であれ共和党であれ、政府が密入国をまったく統制しないのは実に不思議なことだ。米国の仕事の多く、とりわけ大規模農業、そして中流階級は、低賃金労働者と使用人を求めている。こうして、公然と抗議がなされているにもかかわらず、政府には密入国の統制をする意志が欠如している。米国は決心しなければならないだろう。移民はさまざまな社会的問題の原因となっている。米国は大きな代償を支払ってまで、低賃金労働者を受け入れる必要があるのだろうか？

『劣生学』第二版において（2011, pp.267, 269, 270）、リンはアメリカとイギリスにおける劣生学的傾向について、次のような彼の推測を述べている。移民とヒスパニックや黒人の自然増加によって、アメリカは2000年から2050年の間にIQが4.4ポイント（遺伝的IQは3.1ポイント）低下するだろう。そして、2050年までに、人口動態のデータは、ヒスパニックと黒人が人口の45％となるだろう。一方、イギリスは南アジア人やカリビアンやサハラ砂漠以南のアフリカ人が人口の27％を占めるようになり、2006年から2056年の間にIQが2.5ポイント（遺伝的IQは1.8ポイント）低下するだろう。そして彼は、これらの人種のIQ遺伝子にはヨーロッパ人の遺伝子に匹敵するだけの潜在力はないと論じている。これは非常に込み入った問題なので、本書の限られた紙面で論じることはできない。そこで詳細は私の論文を参照していただきたい（Flynn, 1980, 1991, 2008, 2012a）。これらの論文で私は、東アジア人、白人、黒人がIQに関して同等の遺伝子を持っていることを示した。ここでは本書の内容に関連する新しいデータを、次の2点に絞って紹介する。

第1に、ほとんどの発展途上国の人々のIQは70から90の範囲に分布しているのは本当である。したがって、これらの発展途上国から欧州諸国へ移住する人々は、欧州諸国のIQ平均を低下させるだろう。しかし、移民国の多くはまだ産業化の初期段階にある。では、アメリカとイギリスの場合はどうだったのだろうか？　両国とも、1900年の段階でIQ平均が70であった。その1900年の時点で英国は産業化（1850年から）が始まってから50年経っており、米国は少なくとも35年経っていた（南北戦争（1861～1865）の終結から）。私は、たとえばトルコ、ケニア、ブラジルなどの国において、IQ上昇が産業化と同時に生じたことを示すデータを持っている（Flynn, 2012a）。したがって、第三世界は本当に質の良くない遺伝子を持っていると言えるのだろうか？

第2に、リン（1987）は、遺伝の序列で人種を順列づける進化論的シナリオを提案した。その際に彼は、厳しい寒さはより挑戦的な環境を生み出したという仮説を立てた。すなわち、東アジア人の先祖は氷河期には寒さが厳しいヒマラヤの北部に住んでいたと仮定し、白人の祖先は次に寒さが厳しいアルプス北部に住んでいたと仮定し、黒人は比較的暖かいアフリカに住んでいたと仮定している。したがって、人類は、東アジア人、白人、黒人という順に序列づけられるのである。

この進化論的シナリオは、間違っている（Flynn, 2012a）。中国人は、氷河期にまったく異なる場所からやってきた2つの集団の混合である。漢民族は非常に寒い地域にあるヒマラヤの北部に住んでいたと考えられる。他方、マレイ系中国人はアフリカを出て海辺のルートをたどり、アラビア海岸沿いを通り、インドを経て、最終的には東南アジアを抜けて中国に至った人々である。そのため彼らは、一度も厳しい寒さを経験したことがない。これら2つの集団は現在の上海や揚子江の周辺で出会い、漢民族の遺伝子は北からゆっくり広がった。北から南東へと下ると、漢民族の遺伝子と海岸よりの遺伝子のバランスは次第に後者が多くなり、特に多いのが広東省である（Chen et al., 2009）。

シンガポールの中国人のDNAは、彼らが圧倒的に広東省出身であることを示している。リンとヴァンハネン（Lynn & Vanganen, 2006）は、シンガポール人のIQ平均が108で世界のトップだと位置づけている。シンガポールの中国系の74%を取り出せば、IQ平均は114となる。これに対し中国本土の平均は105にすぎない。

このシンガポールの高得点は、その原因が何であるにせよ、中国人が優れた知能の遺伝子を持っているのではないかと思わせる。そう思う読者は、私の著書（Flynn, 1991, 2009, pp.115-122）を参照していただきたい。私は、シンガポールの高度に都市化した環境が有利に作用したと考えている。しかし、このIQの推定値は不当に高すぎるということも付け加えておくべきであろう。いずれにせよ、ヒマラヤの北部に住んでいなかったことが、マレイ系中国人の遺伝子にとって有利に作用したと見るのは間違っているだろう。

中国には、スタンフォード・ビネーに基づいた60項目のIQテストの受検を促すウェブサイト（IQEQ.com.cn）があり、6万3千人以上の人々のIQが省ごとに分類され、IQの平均値が示されている。もちろん、そのサイトの情報は非常に興味深いが、サンプリングの偏りについては慎重な検証が必要である。また、中国人が中国の多数派のすべてのメンバーを「漢」と呼ぶ事実にも注意を払うべきである。彼らが「漢」と呼ぶ人種カテゴリーには、漢文化と漢民族の遺伝子を持つグループに加えて、南方系のマレイ系中国人の遺伝子を持つグループも含まれており、「漢」は中国人を非中国系の少数民族と区別する人種カテゴリーを意味しているにすぎないのである。

ともあれ、そのウェブサイトには大部分が非中国系の少数民族の省を除く残りの20省のIQ得点が登録されており、それぞれの被検者数は1070名から6635名にのぼる。ただし、例外として北部の甘粛（かんしゅく）省の605名のデータも載せられている。各省の平均値は著しく均一である。総平均は105.60点で、103点から107点の範囲に分布している。ただし、非常に都市化が進んだ上海の平均値は108である。また、南方系の6省（105.50）と北方系の11省（105.27）はほぼ同じで、中央部の3つの省はこれより約1.5ポイント高い（上海が含まれるおかげ）。広東省は5510名の被検者で平均は106である（香港のデータはないので、香港のデータが数値を高めているわけではない）。

このウェブサイトのデータを氷河期仮説はどう説明するのだろうか。南方系中国人も北方系中国人と同様に、高い知能の遺伝子を持つよう選択されたと論じることで氷河期仮説を補修するのだろうか。しかし、そのためには厳しい寒さ以外の何らかの原因が必要になる。たとえば、「マルサスの負荷」のような原因、すなわち極度の貧困では利発な人々だけが進化の生存競争を生き残れるという仮説が提起されるかもしれない（Unz, 1981）。この新しい仮説は、確たる証拠がないにもかかわらず、支持を得て広がるかもしれない。しかし、北方系中国人はそれほど貧困ではなかったことからマイナスの作用を受けたのだろうか？　そうでなければ、彼らは寒さと貧困という二重の利点を得ていたことになる。500年以上も貧困が続いたサハラ砂漠以南のアフリカではどうであろうか？　彼らはヨーロッパ人よりも先に知的に進化しただろうか？　インドはどうだろうか？　たぶん悲惨な貧困は残忍な人々の生き残りを促すことはあっても、利発な人々だけが生き残るような社会構造を持つ大規模な共同体の成立を促すことはないだろう。

人種間に何らかの点で違いがあることがわかると、私たちはそれを説明するために遠い過去の進化論的シナリオを探そうとする。しかし、重要なことは現在の進化論的な傾向なのである。リンが述べているように、避妊法が開発される以前、裕福な人々は自分たちの子孫の生存を保障するためのより多くの手段を持っていた。今、私たちは新しい優生学を手にし、避妊法が普遍的に可能になりつつあるので、裕福さは再び利発な人々の生き残りを促進するかもしれない。

3-3-1 移民についての再考察

移民の遺伝的資産についてどのように考えるかにかかわらず、移民は確かに受け入れ国の国民よりもIQが低いであろう。しかしリンの考えはさらに極端である。すなわち、彼は移民には受け入れ国の国民全体のIQ曲線を引き下げる重力のような影響力があり、エリートのIQも多少引き下げると考えている。そして統計に詳しい読者のために、正規分布曲線を用いて説明しているが、もともとのIQ母集団に移民のIQ集団が加わった合成された分布となり、IQの散布度は以前と変わらないと仮定している。しかし実際は、平均値の高いIQ集団の分布の下方に平均値の低いIQ集団の分布を加えた新たな分布を加えれば、この合成された新しい分布の散布度は増加する。そのことをもう少し平易な例で説明すれば、以下のようになる。

ドミニカ島を北方に引っ張ってフロリダ州と接する境界にまで移動させてみよう。これはアメリカにドミニカが加わったことを意味しているので、新しく算出されたIQの平均値は低下し、IQの分布は下方に広がるだろう。しかし、そのことによってもともとアメリカに住んでいた人々のIQが変化することはないだろう。つまり、彼らが持っていた遺伝的能力がどのようであれ、それはそのまま残るだろう。そしてIQ130以上のエリート（トップ2.27%）は、社会を動かすためにそのまま留まるだろう。仮に移民が人口の10%加われば、エリートの割合は少し低下し、2.27%に100を掛けて110で割った2.06%になるだろう。しかし、絶対数が変化することはない。もちろん、異民族間の結婚も多少はあるかもしれない。しかし、アメリカのエリートが使用人や小作人と結婚する傾向はない。彼らはIQの釣り合った相手と結婚する傾向があり、そのなかには移民のなかの超エリートだけが少し含まれるだろう。したがって、こうした傾向は、次のエリート世代のIQを低下させることにはならないだろう。

以上のような議論は、技術力のない移民を受け入れることに伴う貸借対照表の問題に立ち戻ることになる。つまり、安い労働力またはアメリカ社会に同化しない民族集団を移民として受け入れることは、アメリカの経済成長や生活の質の向上を促進するのか遅らせるのかという問題である。また、同化しない移民は、階級間の劣生学的な遺伝子再生産の傾向を除去する可能性のある新しい優生学に抵抗するかもしれない。そして、彼らの集団の内部で階層化が進むだろう。その場合、もし彼らのコミュニティ内の下層階級のほうがより教育を受けた階級よりも避妊法を用いる傾向が少なければ、穏やかな劣生学の傾向が生まれるだろう。いずれにせよ私は、このことが経済学的な得失の議論にとって重要であるとは思わない。

3-3-2 地政学的な影響

リン（2011）は、世界のIQが低い国の国民はIQが高い国の国民よりも子どもが多いと述べ、このことは世界のIQの平均を低下させるだろうと論じている。しかし、この劣生学的な傾向は、IQの低い国はその遺伝子のゆえに白人国家に対抗できないと認める限りにおいて言えることである。

リンは世界の劣生学の傾向が国家間の相対的な力関係を変えると確信しているようで、次のような予測をしている。中国のような全体主義体制の国家は、他国からの移民を禁止し（彼が中国人を遺伝的序列のトップにあると見なしていることを思い出してほしい）、国家権力を発動して新しい優生学を普及させるだろう。これに対しアメリカは、新しい優生学の導入を民間の努力に任せ、なおかつ大量の移民を認めているので、アメリカの国力は次第に弱体化するだろう。白人と黒人とヒスパニックの敵愾心がアメリカを３つの国家に分裂させ、仮に分裂には至らなかったとしても、国内の軋轢によって大きな打撃を受けるだろう。したがって、中国は遺伝的資質の利点を生かし、世界を経済的にも軍事的にも支配するだろう。以上のように、リンは全体主義の闇の側面についてはまったく言及していない（他ではそのことに言及している）。しかしながら、全体主義体制は、最良の頭脳を抹殺したり、刑務所に拘束したり、追放したりする傾向があり、また、腐敗や無能力を正す自由な議論を束縛する傾向があることに留意すべきであろう。

リンの主張を認めるつもりはないが、中国の世界支配は起こるのかもしれない。それゆえ、彼のシナリオを評価してみる価値はあるだろう。彼は中国が全世界を支配下において平和な状態にするだろうと予測している。もしそれが本当なら結構なことである。1946年以降かなり優位であったにもかかわらずアメリカができなかったことを、中国はできるかもしれない。リンはまた、中国が世界を分割統治するだろうと予測している。すなわち、中国はアメリカを含む世界のすべての国の統治者を任命するだろうと予測している。中国がコンゴ、ソマリア、中東などを統治しようとする目的が何なのかは明確でないが、不敗の国家を作るために世界中に軍隊を送り込むことに関しては、アメリカがそのために多くの血を流してきたという近年の歴史が、その抑止力になるかもしれない。また、激しく対立しているスンニ派とシーア派を和解させる魔法の手法があるとは中国も考えていないと、私は推測している。そして、アメリカを統治することに関しては、アメリカ人も自国をろくに統治することができないのであるから、中国が支配しようともくろむことはないだろうと予測している。

中国が世界に対して望んでいることを、中国は現時点ですでに手に入れていると私は考えている。それは為替取引や投資ができる良好な関係の貿易相手国を持つこと、そうした関係を第三世界へ発展させることである（だから貿易相手を殺したりはせず、むしろ育てるであろう）。安全保障に関しては、他のすべての国が核兵器を開発・保有しないことを望んでいるだろう。そして、中国に脅威をもたらすテロリストに対しては、偵察機を使ったり、スパイ活動をしたりするだろう。言い換えれば、中国が世界に対して望んでいることは、アメリカが望んでいることとほとんど同じである。ただし、全体主義政府が将来も継続するだろうというリンの予測は、ソビエト連邦共和国のことを思い起こさせる。したがってリンの予測は、次のことを無視している。すなわち、中国は政治改革をせずに、はたして貧しい農村の民衆の欲望を満足させることができるのだろうか。教育を受けた都市住民の、その古めかしい政治体制は馬鹿げているとする批判に耐えられるのだろうか（Flynn, 2010）。

巨大権力が世界を支配することの影響はさておき、アメリカ人はその役割を中国に譲り渡すことを望まないだろう。また、3つの国家に分裂することも望まないだろう。いずれにせよ、移民問題と全体主義の影響に関するリンの仮説は、3つの前提に基づいている。すなわち、(1) 黒人とヒスパニック、そう、ヒスパニックもであるが、ヒスパニックでない白人よりも低いIQの遺伝子を持っている、(2) 中国は全体主義国家として残るであろう、(3) 全体主義国家は、新しい優生学を効率的に適用するだろう。私は第1の前提には疑いを持っている。第2の前提については何とも言えない。第3の前提に関しては、全体主義が知的な人々を抹殺した歴史を忘れてはいけないと思っている。全体主義国家が過去に行ったようなことが繰り返され、新しい優生学から得る利益が帳消しになるのではないかと危惧するからである。

3-4 まとめ

もし、劣性な遺伝子の再生産をなくしたければ、先進国はスウェーデンやノルウェーを見習うべきである。スウェーデンやノルウェーのように貧困がなくなれば、下層階級は中流階級の向上心と避妊法の知識を持つようになるだろう。米国や英国のようにそれがなされなかったとしても、フリン効果が持続する間は、もともと住んでいた人々の母集団における劣生学的な傾向は非常にゆっくりした速度なので、まだ1世紀は持ちこたえることができるだろう。仮に持ちこたえることができなかったとしても、新しい優生学の技術を用いることによって、遺伝的IQの平均値を上昇させるかもしれない。移民問題は、黒人とヒスパニックの遺伝子の潜在的能力が本当に劣っているのでなければ、長期間続く問題とはならない。しかし、仮にわずかに劣っている場合でも、産業化社会は移民の受け入れ国の人々が好まない技術のいらない仕事を生み出し、それを移民が引き受けることで、経済を促進するだろう。

中国の今の安定と上昇傾向が今後も続く限り、中国はアメリカがこれまでしてきたほどには他国の内政に干渉しないだろうし、たぶん干渉はずっと少ないだろう。優生学または劣生学は、アメリカやヨーロッパの魂が最終的に救われるのか、それとも破滅に向かうのかを予測できる理論とはならない。これはあくまで１つの傾向の分析であり、次の世紀の方向を決めるさまざまな要因のなかでも、たぶんそれほど重要な要因ではないだろう。次章で詳説するが、私はむしろ、地球規模の気候変動や、世界が統一国家になることなしに世界平和が訪れるのかといった事柄のほうに関心がある。

引用文献

Cattell, R. B. (1938). *Psychology and the religious quest.* London: Thomas Nelson.

Cattell, R. B. (1972). *A new morality from science: Beyondism.* Elmsford, NY: Pergamon.

Cattell, R. B. (1987). *Beyondism: Religion from science.* New York, NY: Praeger.

Chen, J., Zheng, H., Bei, J. -X., Sun, L., Jia, W. -H., Li, T., et al. (2009). Genetic structure of the Han Chinese population revealed by genome-wide SNP variation. *The American Journal of Human Genetics, 85,* 775-785.

Darwin, C. (1871). *The descent of man and selection in relation to sex.* London: MacMillan.〔ダーウィン, C. R.／長谷川眞理子・訳 (1999-2000)『人間の進化と性淘汰 I, II』文一総合出版〕

Flynn, J. R. (1980). *Race, IQ, and Jensen.* London: Routledge.

Flynn, J. R. (1991). *Asian Americans: Achievement beyond IQ.* Hillsdale, NJ: Erlbaum.

Flynn, J. R. (2000a). *How to defend humane ideals: Substitutes for objectivity.* Lincoln, NB: University of Nebraska Press.

Flynn, J. R. (2000b). IQ trends over time: Intelligence, race, and meritocracy. In K. Arrow, S. Bowles, & S. Durlauf (Eds.), *Meritocracy and economic inequality* (pp.35-60). Princeton, NJ: Princeton University Press.

Flynn, J. R. (2008). *Where have all the liberals gone? Race, class, and ideals in America.* Cambridge UK: Cambridge University Press.

Flynn, J. R. (2009). *What is intelligence? Beyond the flynn effect.* Cambridge UK: Cambridge University Press [Expanded paperback edition].

Flynn, J. R. (2010). *The torchlight list: Around the world in 200 books.* Wellington, New Zealand: AWA Press.

Flynn, J. R. (2012a). *Are we getting smarter?: Rising IQ in the twenty-first century.* Cambridge UK: Cambridge University Press.〔フリン, J. R.／水田賢政・訳 (2015)『なぜ人類のIQは上がり続けているのか？――人種, 性別, 老化と知能指数』太田出版〕

Flynn, J. R. (2012b). *Beyond patriotism: From Truman to Obama.* Exeter, UK: Imprint Academic.

Herrnstein, R. J., & Murray, C. (1994). *The bell curve: Intelligence and class structure in American life.* New York, NY: The Free Press.

Kiernan, B. (2002). *The Pol Pot regime: Race, power and genocide in Cambodia under the Khmer Rouge, 1975-1979.* New Haven, CT: Yale University Press.

Learning Diary. (2009). The learning diary of an Israeli water engineer: Aristicide in Cambodia? Accessed 11.05.2009.

Lynn, R. (1987). The intelligence of Mongoloids: A psychometric, evolutionary, and neurological theory. *Personality and Individual Differences, 8,* 813-844.

Lynn, R. (1996). *Dysgenics: Genetic deterioration in modern populations.* Westport, CT: Praeger.

Lynn, R. (2001). *Eugenics: A reassessment.* Westport, CT: Praeger.

Lynn, R., & Vanhanen, T. (2006). *IQ and global inequality.* Augusta, GA: Washington Summit Publishers.

Lynn, R. (2011). *Dysgenics: Genetic deterioration in modern populations* (2nd ed.). Belfast: Ulster Institute for Social Research.

Spencer, H. (1874). *Study of sociology.* London: MacMillan.

Sundet, J. M., Borren, I., & Tambs, K. (2008). The Flynn effect is partly caused by changing fertility patters. *Intelligence, 36,* 183-191.

Sunic, T. (2009). *Dysgenics of a Communist Killing Field: The Croatian Bleiburg.* Brussels Belgium: European Action.

Unz, R. (1981). *Preliminary notes on the possible sociobiological implications of the rural Chinese economy.* Cambridge MA: Harvard (unpublished manuscript), <www.ronunz.org/wp-content/uploads/2012/05/ChineseIntelligence.pd> Accessed 28.02.2013.

Wallace, A. R. (1890). Human selection. *Popular Science Monthly, 38,* 90-102.

4章　遺伝子と道徳性の進歩

次の世紀の遺伝子の質について語る前に、人類がこれまでたどってきた遺伝子進化の歴史を振り返っておくことにしよう。人類は進化の出発点において、特に男性の場合、攻撃的な遺伝子を選択した。しかし、人類が次第に大きな共同体を形成するようになる過程で、攻撃的な遺伝子を自己制御や非暴力の特性を持つ遺伝子へと飼い慣らしてきた。そのようにして人類は、人間性を改良してきたのである。近年の歴史の大部分において、道徳的判断は一部迷信や残酷な戒律の命じる内容からなる規則に縛られていた。しかし、人類の理性を志向する傾向が、規則をより包括的で、人間性に基づく理性的原則に置き換えてきた。この人間性と理性的原則が、すなわち道徳性に外ならない。そこで私は、これを「道徳的進歩」と呼ぶことにする。

人類学者は文化の進歩について語ることを好まない。なぜなら彼らは、あらゆる文化が同じく完全なものと仮定しており、上位・下位といった序列で順位づけることはできないと考えているからである。しかしながら私は、文化の内容を深く分析・吟味し、人々が自分たちの文化をどのように意味づけているかを理解することとは独立に、文化の価値を評価することは可能だと考えている。したがって私が「進歩」という言葉を用いるのは、自分たちの文化は他の文化より優れているとか、現在の文化は過去の文化より優れているとか、この地域の文化は他の地域の文化より優れているとか、そういった比較文化論を主張するためではない。そうではなく、私が主張しているのは、実に当たり前の事柄なのである。すなわち、科学の進歩のおかげで私たちは認知的にも進歩している、ということである。自然科学が発展する前に比べれば、私たちは自然についてはるかに多くのことを知っている。そのことによって、私たち人類の認知と行動の原理も、自然科学が発展する前に比べるとはるかに人間的になっていると主張しているのである。人間性の理想を合理的に説明することも十分に可能だと私は考えているが（Flynn, 2000）、本書ではそのことに深入りするつもりはない。こうした私の価値判断を恣意的だとする向きもあるだろうが、おそらく、人類が今世紀の残りを生き延びるためには、理性と人間性こそが希望であり、これを失えば未来には不幸な出来事が待ち受けているだろうということは、認めていただけるのではないだろうか。

4-1 人類の遺伝子の相続

霊長類は私たちに最も近い種である。したがって、霊長類の行動を観察することによって、男性と女性は進化の過程において異なる自然淘汰の圧力を受けてきただろうことが推察できる。

1. 男性は配偶者である女性を獲得するために、暴力的行動または威嚇のような攻撃性の表出によってライバルと競争してきた。つまり、攻撃的な男性が最も多く子孫を残すことになるので、攻撃的な特性を備えることが彼らの遺伝子にとって有利に作用した。

2. 女性は子どもが生殖可能になる成熟期まで育てあげることによって、自分の遺伝子を後の世代に伝えることができる。したがって、男性の配偶者とのつながりを保つことが、自分の子孫を残すためには有利に作用する。それゆえ、男性を飼い慣らすのに役立つ遺伝子が積極的に選択された。このことは、ジェンダーを識別するのに役立つ特性の出現をもたらす。いささか性差別的な表現であるが、女性は清潔で、身体的な外見に気を配り、家庭生活を魅力的にするための技術に優れており、異性を支配するための方法として、攻撃的行動ではなく異性を魅惑する技を用いる。なお、こうした男性と女性の特性についての記述は、特定のイデオロギーではなく、男性と女性が互いの異性にどのように見えるかに基づいていることを念のために書き添えておく。

4-1-1 遺伝子の長期的な飼い慣らし

ホールパイク（Hallpike, 2008）によれば、男性の攻撃性は、約1万年前の狩猟採集社会において、すでにそれほど重要ではなくなり、その後は次第に生存戦略上の利点を失っていったという。今日の最も単純な狩猟社会の観察では、過度に攻撃的な男性は集団行動をする男性たちから閉め出されてしまう。そして最も優れた狩猟者は、自分の獲物を仲間に分け与えることが期待されているのである（結局のところ、独り占めしても大部分が腐肉になって食べられない）。ただし、女の嬰児が間引きされてしまう社会では、男性が過剰になるために、女性を得るための暴力は存在したようである。

約1万年前に農業を始めたのに伴って、人類は定住してより大きな共同体で生活し始めたが、そうした共同生活がうまくいくためには、規則によって攻撃性を制限する必要がある。かくして人類はイヌやネコを家畜化したのと同様に、自分自身を飼い慣らし始めた。家畜化された動物は、攻撃的行動を自己統制するように淘汰されていく。そして、攻撃行動を飼い主に向けることがないように、飼い主が定めた規則に従うようになっていく。こうした動物の家畜化になぞらえて言えば、人類もまた、自己統制や規則遵守の特性を備えるように「飼い慣らされた」のである。私の2人の研究仲間が、この分野で独創的な論を展開している。その1人であるピーター・ウィルソンは『人類の飼い慣らし』（Wilson, 1988）の中で、人間の視力は他者の表情を読むために、すなわち他者の気持ちや意図を読み取る必要性が高まったことにより、その機能が変化したのではないかと論じている。もう1人の研究仲間ヘレン・リーチ（Leach, 2003）は、家畜化された動物と次第に飼い慣らされた人類の類似点を分析している。

ヘレン・リーチは人類の「社会的飼い慣らし」の概念が広く受け入れられたので、彼女はさらに「生物学的飼い慣らし」の証拠を探しているようである。そして実際、人類学者は動物が家畜化されてきた証拠として、家畜化された動物の骨格の形態的変化に着目している。すなわち、頭蓋顔面の縮小および骨格の強さ、歯の大きさ、全般的な大きさの縮小などである。彼女は、人類の場合にも更新世時代後期にはすでに同様の形態的変化が始まったことを指摘し、動物の家畜化と人類の飼い慣らしに共通する身体的変化には、遺伝子の無意識的な淘汰が関わっているのではないかと論じている。

人類と家畜化された動物の身体的変化における類似性に関しては、今なお議論がなされている。たとえばブリューン（Brüne, 2007）は、両者の類似性はそれほど厳密なものではないので、人間の場合は「家畜化に類似した」と呼ばれるべきだと結論づけている。しかし、たとえそうだとしても、獲物の共有、生産物の交換、生産者と消費者の交易、職人と顧客の交易、共同体での定住、中央集権的統制の強化、とりわけ女性を獲得するための金や地位、感じのよさ（ナイスガイ）を目指す競争、これらのすべてが攻撃的な遺伝子を「飼い慣らす」方向に作用したことは確かであろう。

以上のことを進化論の用語で言い換えれば、次のようになる。規則を守る人々の遺伝子が何千世代にもわたって暴力傾向が高い人々の遺伝子よりも多く再生産されてきた。そのため人類の遺伝子は自然淘汰され、今日では他者を身体的に攻撃するよりも一緒に仲良く暮らすほうが居心地よくなった。これは十分に起こりそうなことではあるが、もちろんその証拠はない。しかしながら、少なくともこう言うことはできるだろう。すなわち、もし人類の遺伝子が飼い慣らされてこなかったとしても、霊長類の祖先の遺伝子には進化の出発点において、攻撃的行動を変容させる可能性が内在していたのである。

4-1-2 短期間の男性飼い慣らし

男性は、ほとんどの暴力行為の加害者である。一般に思春期から二十代までの男性は攻撃的傾向を持っている。その攻撃性が結婚や子育ての体験を通して次第に飼い慣らされるのである（Pinker, 2011）。家庭における女性の立場が男性と平等になるにつれて、男性の暴力は治まっていく。つまり、女性も仕事を持つことで自分自身や子どもの生活費を男性にすべて依存する必要がなくなったこと、男性も家事や育児の責任を女性と平等に分担することが期待されるようになったこと、離婚しても財産分与や扶養の責任を免れなくなったこと、そして、家庭内暴力に法的な罰則が科されるようになったことなど、家庭生活をめぐる状況の変化によって、近年では女性も家庭で男性と対等な力を持つようになってきた。そのことが、女性による男性の飼い慣らしを促進するのである。

ちなみに家庭内暴力は、多くの場合は男性が加害者であるが、男性が被害者になるケースもたまにはあるようである。たとえば、メニンジャー（Menninger, 1938, p.183）は、妻が夫をハンマーで殴り殺し、アパートに鍵をかけて50マイル運転し、パーティに出掛けたというケースを報告している。

スンニ派イスラム教徒のシャーリー法の解釈では、夫は妻に「私はおまえと離婚する」と3回宣言するだけで簡単に離婚ができるようである。そして離婚してしまえば、夫はもはや妻を扶養する責任はない（ただし、子どもたちが乳離れするまでは養育費を払う責任はある）。また、ナジーブ・マフフーズのカイロ三部作（1956, 1957a, 1957b）は、男性を飼い慣らす力を持たない女性の無力を描いている。そのため夫たちは、自分の好き勝手に夜の時間を過ごすことができた。妻は夫の飲む・打つ・買うの好き放題の行動をすべて男の特権として受け入れるほかはなかった。そして、娼婦を自宅に連れ込んだ夫に反抗した妻は、即座に「私はおまえと離婚する」と3回宣言されてしまったのである。

最近は女性の力が強くなり、家庭内での夫婦の役割分担の仕方が変化した。したがって今日では、ナボコフ（『ロリータ』の著者）の妻のように、男性を崇拝の対象と見なす性役割観を内在化させている女性はほとんどいないだろう。ちなみに彼女は夫であるナボコフの講義のすべてに出席し、学生たちが私語をすれば、「あなたたちは天才の講義を拝聴しているのがわからないのですか？」と叱責したものだった。性役割の平等が高まれば、男性の飼い慣らしが強まる。たとえばインドの女性たちは、インド社会のレイプに対する寛容さに抗議し始めている。ただし、最近の歴史の皮肉の1つは、中東における少数派独裁は非宗教政権で、女性を解放したという事実であろう。イラクのサダム・フセイン、リビアのカダフィ、シリアのアル・アサドの独裁政権が崩壊し（必然的であったように思えるが）、人民政権が成立したことは、必ずしも女性にとって有利な結果にはならなかったようである。

中東の男性たちも、こうした世界の動向に気づき始めている。たとえばヴァーク（Virk, 2012）は、男性は歴史的に、自由な精神を持ち、冒険心があり、ワイルドな傾向があったと述べている。そして彼は女性による男性の飼い慣らしの5つの段階について、次のように記述している。第1段階：求愛─男性は女性が好みそうな服を身にまとい、香水を使い、文化人を装う。第2段階：求婚─男性は女性を射止めるために、お世辞ではなく愛の表現をしなければならない。第3段階：職業─男性は女性の尊敬を得るために、仕事を見つけなればならない（その仕事がバス停での呼び売りであっても）。第4段階：家の所有者—女性は家主からセクハラを受けていると訴え、男性に家主を殺す（単純明快な解決法）のではなく、自分たちの家を買うよう提案する。第5段階：親期—女性は男性を赤ちゃんのような子どもっぽい名前で呼び始め、男性の飼い慣らしが始まる。ちなみに、飼い慣らしが完成すると次のような状況になる。「夫が背中に赤ちゃんをおんぶして、妻は小さなハンドバッグを小脇に抱え、夫婦で一緒に市場に行く」。この記述は、私には「負け犬の遠吠え」に思えてならない。

しかし、警告しておくべき問題が1つある。家庭において男性と女性が平等なパートナーになるのに伴って、家庭の機能が脆弱化するのではないだろうか。1870年～1980年には、米国の子どもの約85%が2人親家庭の子どもであった。ところが2010年までに、この割合が70%にまで減少した（Aulette, 2010）。そして、問題にすべきは次のことである。50年前と比較して、今日どれくらいの若い男性が35歳までに女性と生活したことがあるだろうか？　おそらく誰もその答えを知らないだろう。今日では若いときに親元を離れて同棲することは、特に大学では、ごく普通のことになった。生涯独身を通す男性も、会社で女性と出会い、気軽に付き合ってくれる幅広い範囲の女性たちとデートするのが普通である。こうした人間関係の様式が、かつての男権優位な時代よりも平等であるのは確かである。独身の男女のなかには、大都市の同性愛者が多数を占めている地域に住んでいる人たちもいる。また、同性愛者が多い地域は非暴力的であることも広く知られている事実である。

4-2　攻撃的行動の普遍的な減少

20世紀の2つの世界大戦と核戦争の脅威は、私たちには昔の人々と同様に暴力性があることを再認識させた。しかしながら、2人のハーバードの大学教授がこの認識に対し、それぞれに異なる立場から異論を唱えている。すなわち、一方は歴史学の立場から深い歴史認識に基づいて、他方は社会科学の立場から多様な学問分野の知見に基づいて反論している。

1959年に、クレイン・ブリントンは『西洋道徳史』を出版した。なお、これは1962年のキューバ・ミサイル危機の際に、米国とソ連の両国が互いに核兵器を使用しないことを表明する以前のことであった（Flynn, 2012）。

こうした時代であったにもかかわらず、ブリントンは暴力と残虐さに基づく社会制度が次第に弱体化しつつあることに気づいた。奴隷制度は数千年間存在してきたが、19世紀になって、圧倒的大多数の西洋人がわずか数世代で奴隷制度は「悪」であると感じるようになった。同様に昔は受け入れられ、褒め称えられていた行為が、今日では文明人がやるべき行為とは見なされなくなり、たとえまだ行われているとしても、昔よりは穏やかなものになるか、あるいは密かに行われるようになったと彼は指摘している。決闘は過去のものであり、今日の個人的な争い、氏族間の確執、ギャングの抗争、リンチなどは、1世紀前に比べれば無いに等しい。懸賞試合も、過去の残酷なエキシビションに比べれば大したことはない。そして、流血を伴う気晴らし（キツネ狩りや闘牛）は消滅に瀕している。精神疾患は嘲りや殴打の対象ではなくなり、むしろ共感を呼ぶようになった。また、昔は非正統的と見なされていた性的行為が、今日では処罰の対象ではなくなり、受容されるようになった。ただし、彼は今なお国家間の暴力には危惧の念を抱いているようである（Brinton, 1959, pp.435-438）。

18世紀には、犯罪者に対する残酷な刑罰が問題とされた。また、自殺者を出した家族が汚名を被ることもなくなっていった。19世紀には、社会は不運な目にあった人を助けるべきだという考えが広がった。そして、役人は泥棒のようなものという暗黙の想定が薄れていった。20世紀の前半には、リンチや個人的な争いの減少の外に、アメリカ先住民の虐殺が西洋の勝利として讃えられることがなくなっていった。人々が酒を楽しみ、ハイウェイで人を殺してしまうこと、スピード中毒になり、車を戦いの道具として用いたいという男らしい欲求が疑問視されるようになった（Brinton, 1959, pp.324, 325, 364, 365, 387, 391）。

ここで少々、私の個人的な思い出話をしてみよう。1930年代、私がまだ子どもだった頃、チャーリー・チャップリンの映画を観て無邪気に喜んでいる聴衆の姿が今でも目に浮かぶ。もちろん、私は今でもチャップリンの映画は天才の作品だと思っている。しかし、チャップリンの映画を観ていると、次のようなことに気づくだろう。杖を使っている人は、必ず杖を取られて転ぶ。老人は必ず髭を引っ張られる。これらがすべて笑いの対象なのである。私は米国の奴隷制度の廃止に関する政治問題に、特別な関心を持っている。南部の上院議員たちは奴隷制度に強く反対したタデウス・スティーヴンスのような上院議員には決闘を挑むことが正統な権利だと考えた。あるとき、スティーヴンスは上院の床の上で杖で打たれて障害を受けた（決闘の申し入れを拒否した臆病者に対する制裁として、誇り高き南部の上院議員たちに他にどんな選択肢があっただろうか？）。ちなみにこれは事実であるが、彼には黒人の愛人がいた。南部の上院議員たちも同じであったが、彼らはそのことを秘密にする礼儀をわきまえていた。

スティーヴン・ピンカーは名著『人間性に宿る善なる天使』（邦題『暴力の人類史』）（Pinker, 2011）の中で、あらゆるタイプの暴力が、家族内、近隣地域内、種族間、国家間のいずれであれ、減少していることを示すことができると明言している。そして、その要因はテクノロジーの進歩、交易の発展、効果的に機能する政府、新しい思想の出現のような個人とは関係ないものであると分析している。そして彼は、それらの要因を歴史的順序に従って6つの傾向に分類・整理した。以下にそのうちの5つの傾向の概略を示しておこう。

第1の傾向は、約5千年前に農業が始まったのに伴い、人々が都市や都市国家に住む傾向が生じ、狩猟、採集に依存する社会に特徴的な部族間の抗争が減少したことである。そして、都市の出現は技芸の進歩、分業、交易の発展をもたらし、防壁で都市を守ることで、人々の生活は豊かさと快適さが増した。また、都市間の抗争によって、小さな共同体は大きな共同体に併合されていった。

この傾向を測る指標の1つは、死者の絶対数ではなく（人口が増大していたので）、人々が他者の暴力によって死に至る危険率である。人々が戦争によって死に至る危険率に関しては、次のような変化が生じた。狩猟・採集の時代（紀元前1万4000年から1770年）には、他者の暴力による死亡率が死因の15％を占めていた。この率が、記録が残っている歴史上初期の都市や帝国が成立した時点では3％から5％にまで減少した。近代においては、最も暴力的な世紀においても、この危険率よりも低い値である。たとえば17世紀の宗教戦争では2％の人が戦死し、20世紀の戦争では約1％の人が戦死した。20世紀のユダヤ人の大虐殺でさえ、3％に「すぎなかった」。それ以前の世紀においては、記録が残されておらず推定が困難であるが、絶滅も生じていただろう。おそらくもっと良い指標は、普通の人が1年間に他者の暴力で死亡する危険率であり、通常は10万人に占める暴力死の率が指標とされる。国家とは見なせない社会、たとえばイヌイット（エスキモー）、南アフリカのイコング、マレーシアのセマイなどは一般に非暴力だと見なされているが、それらの社会における暴力死の危険率は、アメリカが最も暴力的であった十年間（1970年代）の危険率の約3倍であった。現在のアメリカは、10万人に約5人の危険率であり、西ヨーロッパは10万人に1人の危険率である。なお、アメリカの最北部（ニュー・イングランドから西にオレゴン州とワシントン州まで）は、ヨーロッパと同じくらい安全であるが、南に行くにしたがって危険率が上昇する（Pinker, 2011, pp.49, 55, 93）。

第2の傾向は、紀元1400年頃から、ヨーロッパでは、中世の封建領主の時代から中央集権国家の時代へ移行して、国王が統治する平和のもと、有力な市民が活発に商業活動を行うようになったことである。封建領主間の武力抗争は災厄であった。この時代の旅行は死を賭けたギャンブルであり、戦利品が収入のかなりの部分を占めていた。しかし、国王は争いを望まなかった。国王は平和な領地で必要なときにだけ兵士を集め、平時には紛争を起こさない農奴からの税収入と貿易による利益によって国を豊かにすることを望んだのである。貿易相手が利益をもたらしてくれるのなら、封建時代の領主のように相手を殺して財産を略奪しようとは思わないだろう。

そのため13世紀の英国では10万人あたりの殺人率は1年間に20人を超えていたが、16世紀から20世紀にかけて、その率は10万人に1人以下にまで低下した。他のヨーロッパの国々における減少は、さらに劇的であった。13世紀には多くの国家が英国よりも暴力的であったが（イタリアは10万人につき約100人の殺人率であり、最悪であった）、20世紀までには、すべての国において英国と同様の低レベルにまで減少した。なお、殺人の92％は男性が加害者であり、その大部分は、女性による飼い慣らしがなされる以前の20歳代前半の若者によって実行されていた（Pinker, 2011, pp.60-64, 77, 78）。

暴力が特に上流階級（名誉を重んじる男）において再び顕著になった時

期がある。すなわち、中世のヨーロッパでは、抗争相手の鼻を切ることによって復讐するのが一般的であった。今日では暴力は主に下層階級に見られる現象になり、ヨーロッパやアメリカの最北部ではかなり減少している。今日では暴力は名誉を守ることが重んじられる下層階級に特有の現象であり、アメリカ南部や黒人の若者の間では今日もなお残存している。また、多くの黒人は法権力をあまり信用していないので、法に訴えるよりも彼ら自身で決着をづける傾向がある（Pinker, 2011, pp.81-85）。さらに、不幸なことにアメリカの黒人女性は恵まれない結婚市場に苦しんでいる。なぜなら結婚適齢期の黒人女性100人に対する結婚可能な黒人男性は約57人だからである（生存していて、悪者でなく、仕事を持っている黒人男性）。このことはまた、黒人男性はあまり結婚せず、飼い慣らしを経験することが少ないことを意味している（Flynn, 2008, chap.8）。

第3の傾向は、ブリントンが指摘しているように、17、18世紀には残忍性から寛大さへ向かって人間性が変化したことである。ピンカーがより詳細に例を挙げている。すなわち、民衆や王族を楽しませるために、生きている猫を焼き殺すようなエンターテイメントがほとんどなくなり、男がこん棒で豚を叩き殺すまでの速さを競争するようなこともほとんどなくなった。王子の悪戯を戒めるために男の子がムチで打たれることもなくなった（王子をムチで打つわけにはいかないので、罪のない男の子が王子の身代わりとしてムチで打たれた）。犯罪者を公衆の面前で絞首刑にしたり八つ裂きにしたり、金切り声をあげる人々を車輪にくくりつけて肉の塊になるまで粉々にしたり、船乗りを溺れ死ぬかバラバラになるまで船からロープで縛って引っ張り回したりすることもなくなった。

ちなみに最後の異教者が拷問にあったときの様子は、次のようであった。最後の魔女がヨーロッパで焼き殺されたのは1749年であった。そのとき、ブランスウィック公爵は、2人のイエズス会士を伴って魔女が拷問にかけられるのを見に行き、こう言った。「私は、ここにいる2人の男が魔法使いではないかと疑っているのだ。」すると彼女は「その通りよ」と叫んだ。さらに彼女は、「あたいは2人がヤギやオオカミに変身したのを見たことがあるし、ヒキガエルのような頭とクモのような脚を持った子どもを産ませたことも知っている」と言った。それ以降、人々はカソリックかプロテスタントかといった理由で殺し合うのを止めた。やがて人々は読み書きができるようになり、彼らの習慣は彼らの習慣なのであり、他の人々の習慣と大差はないことに気づいたのである（Pinker, 2011, pp.67, 138, 139, 145-148, 175）。

第4の傾向は、1946年から現在まで、長い平和の時代が続いたことである。第二次世界大戦以降、世界の二大勢力が直接戦うことはなくなり、先進国が互いに戦争をすることも概してなくなった。こう言うと、第二次世界大戦中のホロコーストを見逃していると言われるかもしれない。確かにホロコーストは悲惨な出来事であった。文明国家が1つの人種を抹殺しようとしたからである。しかし、仮にホロコーストの犠牲者を戦死者に加えたとしても、第二次世界大戦の戦死者数が世界の人口に占める割合は、歴史上9番目である。この割合よりも上位に位置するのは、たとえば世界の人口の6分の1を殺害した中国の安禄山の暴動（西暦755～763年）である（第二次世界大戦の戦死者の8倍であった）。そして、13世紀には蒙古による世界征服があった（第二次世界大戦の戦死者の5倍であった）。こうした戦いの加害者が無差別に人間を殺戮したいという欲求を持っていたのかどうかは定かでないが、チンギス・ハンは次のように述べている。「男が持つことのできる最も大きな喜びは……自分の目の前で敵を追い立てることである。」また、蒙古兵は殺すべき敵兵の人数が割り当てられていた。そのため蒙古兵は、敵兵を殺した証拠として敵兵の耳を持ち帰ったのである。そしてジンギスカンは無上の恍惚を次のように語っている。「敵の愛する人の顔が涙で濡れるのを見ること、そして、敵の妻や娘たちを腕に抱きかかえることだ」（Pinker, 2011, pp.195, 196）。

第二次世界大戦の後、強国は植民地を保持し続けようと戦ったが、結局は諦めることになった。イギリスとフランスはエジプトを支配しようと死力を尽くした。アメリカとソ連は、朝鮮戦争の際、直接ではなく代理国を介して戦った。両国は中東に干渉し、特定の政権の支援をしたり、あるいは打倒したりした。対立する二大勢力によって分断された国家は、統一するために悲惨な市民戦争をした（ベトナム）。国家の崩壊を経験した国では、民族間の対立で虐殺が行われた（ユーゴスラビア）。しかし、ヨーロッパの国々は、国同士で戦うことに嫌悪感を持っていることは明らかであった。しかし、ある時期まではそうではなく、強国同士が戦い合うことはごく普通のことであった。次に挙げるすべての国は、時代は違っても、ある時期に戦争をしたことのある国である。ハプスブルク君主国、スペイン、フランス、英国、ロシア、ドイツ、アメリカ、イタリア、トルコ、日本、中国、および、オランダとスウェーデン。最後のオランダとスウェーデンは、巨大権力の地位を放棄せざるを得なかった（Pinker, 2011, pp.222, 223）。

第5の傾向は、そしてこれが最後であるが、1989年から今日までの約25年間、新しい平和の時期が続いていることである。内戦、集団虐殺、独裁的な政府による弾圧とテロリストの攻撃などは概ね減少した。ただし、国境紛争は今なお起きている。国境紛争を禁じるための、つまり平和を維持するための絶対的な戒律は、「他国の領土を併合するために現在の国境を侵犯して戦うべからず」である（この戒律が破られた事例が2、3あるが、それらは概ね中東で起きており、これについては本章の後半で述べることにする）。こうした国境紛争は、もともとアフリカで起こることが多かった。なぜなら、植民地時代に統治国が定めたアフリカの国境は不明確なことが多いからである。そのため国境紛争が発端となって無政府状態に陥ることもあった。しかし、この戒律は今日では世界中に広がっている。

戒律破りの国境侵犯には当たらないにしても、いくつかの国境がらみの不正が未解決のままになっている。たとえば、クルド族の国家が分断されていることがその一例である。遠い将来、これらの問題が交渉によって解決することを期待したい。アメリカのアフガニスタンとイラクへの軍事介入はもともと国境を変更するのが目的ではなかったのであるが、それ以来、リビアやシリアへの介入には慎重である（Pinker, 2011, pp.258-261, 338-340, 350-352）。

4-2-1 内向化した暴力

暴力が自傷行為（自殺または自傷のようなもの）に置き換わることによって、他者に危害を加える暴力が減少したとしても、単に暴力の矛先が変わっただけであり、決して望ましいことではない。フロイトは、人間の攻撃傾向は一定であり、もし攻撃性が外に向けられなければ内に向けられるだろうという説を支持した。しかしながら、外向きと内向きの攻撃性の間にはトレードオフがあるという仮定は、しばしば反論されてきた。たとえばスロベニアは殺人率が低く自殺率が高いかもしれないが、イタリアは殺人率も自殺率も低い。いずれにせよ、この点に関する過去のデータは、かなり不足している（もしかしたら過去には、今日我々が感じている内的緊張が不足していたのかもしれないが、ここではこの点は無視することにする）。ともあれ、西洋のほとんどの国で自殺率が上昇していることは、人々が長生きになったことが関係しているのではないだろうか。人々は、高齢になってから自殺することが多いものである。ここでは、メニンジャーの『自分自身と対決する人間』（邦題『おのれに背くもの』）（Menninger, 1938）から、もはや繰り返されることはないが、きわめて極端な自己罰の事例について論じることにする。

1978年のジョーンズビル大虐殺は、909人もの多数の人々が自殺の儀式に参加した非常に印象的な事件であった（他に9名が殺害された）。また、1757年に、ロシアのスコプチ派の創設者は焼けた鉄で自分の陰部を切断した。彼はアダムとイブが性的な関係を持ったことで罪を犯したと信じていたのである。彼はまた、何百人もの人々に洗礼を施し、彼らに12人の新しい信徒を勧誘して使徒の資格を得るよう指示した。このようにして一度に1700人もの信者が改宗したこともあり、最終的に信者の総数は10万人に達した。そして、多数の信者が自分自身を去勢した（Menninger, 1938, pp.221, 222）。

コロンブス騎士会のメンバーのなかには、自罰のため硬い毛織のシャツを着た者がいたという風説があるが、第4段階の地位にまで到達した会員は常識的に振る舞うように警告されていた。そして彼らは、マント、刀、地位を表す宝石を身につけることは認められていたが、宝石のピアスは付けないように指示されていた（彼らは自罰的な器具を売る商人に近づかないよう警告されてもいた）。

このような奇行が頻繁に行われていたわけではないが、アレクサンドリアの聖マルクスは88ポンドの鉄を引きずり、いつも湿った地面の上で寝ていた。彼の追従者である聖エウセビウスは155ポンドの鉄を引きずり、空井戸の中に住んでいた。また、聖人の中には放牧の群れに加わり、生涯を山腹で四つ足で過ごし、家畜のように牧草を食べた者もいた。当時はこうした人間離れした生き方が尊敬されていたのである。もう1つ別の例を挙げれば、聖シメオンは彼の人生のほとんどを柱の上で過ごした。彼は1年間を片足で生活し、もう一方の脚は潰瘍でただれていた。そしてシメオンは、彼の傷口からうじ虫をつまみ上げた人を激しく非難し、「神があなたに与えたものを食べよ」と言った（Menninger, 1938, pp.99, 100, 113, 114）。

メニンジャー（1938, pp.55, 208, 291, 292）は、現代人の自傷行為を見逃したわけではなく、次のような自傷行為をリストに挙げている。すなわち、指の爪をすべて噛み切って指を食べようとする人、真っ赤に燃えるストーブを抱き抱えて自殺しようとする人、サスペンダーの留め金を飲み込んで自殺しようとする人、事故を起こしやすい人など、実に多様な自傷行為をリストに挙げている。そのなかでも極め付きは、ゆりかごから落ちて右腕に怪我をし、左脚に斧を突き刺し、牛に突かれて血まみれになり、貨物列車から落ちて体の左半身をつぶされ、45 フィートの土手から車で転げ落ち、最後は、ガスストーブの爆発に巻き込まれて炎に包まれた人であろう（彼は救助された）。なお、これらはリストのほんの一部にすぎない。その当時はまだ精神分析学者がおらず新聞もなかったので、詳しい報告が残っていないだけなのである。

4-3 認知的進歩と道徳的進歩

私たちは、過去に、魔術的信念や宗教的信念が不道徳な行為や非生産的な行動をもたらしたことを知っている。それはたとえば、労働力の浪費に見えるピラミッドの建設、神に捧げる人間の生贄（アステカ帝国では約 120 万人が殺された）、魔女の火炙りの刑、過酷な審問である。ただし、拷問によって改心した人は楽園で永遠の時間を過ごすことができると信じられていた。ジョージ・W・オイスターデックホフ（Oesterdiekhoff, 2009）は、魔法から宗教へ、そして科学的知識への流れが道徳性にどのような影響を及ぼしたかを追跡している。

私たちは非合理な信念がいかに理性や人間性を歪めるかを知っている。神は選ばれた人々に動物を解体処理する方法を教えた。アーロンの２人の息子たちが悪い種類の香料を使用して解体をしたので、神は息子たちを生きたまま焼いた。神はイスラエル人がミデア人を虐殺する際に女性たちを殺さなかったことに対して怒った。彼らは年頃の娘を性奴隷としてレイプしてから、皆殺しにするべきだったのである。ヒッタイト人からエブス人に至る人々も、同様の運命をたどった。生け捕りにされた女性は、たとえ自分は殺されなくても、目の前で夫が殺されるのを見てしまった後では、とてもセックスをする気分にはならなかっただろう。神の教えでは、生け捕りにした女性の髪の毛を剃り落とし、手足を縛り、拘束することにより、レイプされるという分別を理解させるのが正しい方法であった。さらに、このような記述もある。サウルはダビデに嫉妬した。なぜなら、ダビデの宮庭にいた女性が次のように歌っていたからである。「サウルは何千人を殺したが、ダビデは何万人も殺した。」(Pinker, 2011, pp.7-9)。

多神教の神話は、多くのキリスト教の神話を先取りしている（ノアの洪水、処女懐胎、再臨など)。このことは、悪魔がキリスト教信者に信仰を失わせるためにしたことだということで否定された。ローマの円形闘技場で殺された多数のキリスト教徒に関して言えば、多くのキリスト教徒がアドリアノーブルの司教の座を争い合って互いに殺し合い、そのときの死者の数（3000人）は、多神教徒の迫害の最後の10年間に殺された数よりも多かった。キリスト教が生まれたばかり頃、テルトゥリアヌス（カルタゴの初期キリスト教思想家）は聖なる無知を次のように称賛した。「イエス・キリストの後では好奇心を持つ必要はなく、福音書の後では研究する必要もない。」

中世では、いつが断食の時期かということが善悪の判断よりも重要であった。ルターの弟子は、悪魔の人数を2兆6658億6674万6664と定めた。魔女たちは深い水の中に身を投げ込まれ、もし浮き上がれば焼き殺された。つまり、水は清浄で悪を拒絶すると信じられていたのである。また、神の知的デザインは有益だと見なされていた。ツルは1年に2個しか卵を産まない（不味い）が、キジやヤマウズラは1年に15個から20個の卵を産む（美味しい）ことが、その証明だと考えられた。また、ベンジャミン・フランクリンが発明した避雷針は禁止された。なぜなら、避雷針は神の罰から建物を守るからである（神は人々を処罰するために雷光を用いると信じられていた)。さらに、ビクトリア朝の根本主義者は雨傘に反対した。なぜなら、神は正義の人にも不正義の人にも平等に雨を降らすと考えられたからである（Brinton, 1959, pp.177, 279; Hallpike, 2008, pp.285, 358; Smith, 1953, pp.183, 224, 293, 295, 341)。

しかしながら、そうした迷信に満ち満ちた社会の中で日々の生活を送ることがどんなことなのか、はたして私たちに完全にわかるだろうか？　多くの部族社会では、自然死は殺人と考えられていたため、非常に多くの罪のない人々が処刑された。ある人の死を心の中で望んだり、夢見たりしたので罪があると考えられたとしたら、実に恐ろしいことである。刑罰は犯罪を防ぐためにあるはずなので、殺人犯を決めるのに占いを使うのは愚かである。そんなことをすれば、多くの殺人犯が自由の身になって再び殺人を犯すだろう。ヨーロッパでは、原罪（エデンの園）が共通に信じられていた。本来、原罪はユダヤ人（キリストの殺人者）だけが負うべき罪ではない。ところが聖地へ向かう十字軍の戦士の多くは、自分たちはキリストの死を招いた人々を罰するための聖戦に出発するのだと信じていた。また、ヨーロッパでは人々は聖職者に脅かされ、悪魔に怯えながら小屋の中で縮こまって生活していた。おそらく、悪魔を寄せ付けないために人々が消費する時間の総量は膨大であったに違いない。そして子どもたちは、悪魔払いのために叩かれた。子どもたちは、誕生の際の罪のため汚れていると信じられていたのである。

動物の擬人化は、部族社会から受け継がれたものである。13世紀から18世紀にかけて、動物は殺人、暴行、疾病、獣姦（真実のときもあったが）の共謀者だと見なされ、ヨーロッパ全域で裁判にかけられ処刑された。そうした動物のなかには、豚、雄牛、羊、ラット、甲虫、昆虫などが含まれていた。それらの動物には弁護士が付けられ（教会の裁判以前では普通のことであった）、証言人も付けられた。なかには、次のような明らかに不当な裁判もあった。たとえば1474年に、1羽の雄鶏がサタンの卵を受胎して卵を産んだという罪で起訴された。その一方で、無実の罪を晴らした動物もいた。弁護士がラットや甲虫の弁護をして勝訴したのは有名な話である（Evans, 1987）。

インドでは、象による裁判が広く行われていた。ところがイギリスによる植民地統治が始まると科学的教育が知識階級に普及し、植民地の人々が、ヨーロッパが1世紀前には大目に見てきたことを糾弾した。19世紀のアメリカでも、文化の違いがもたらす事件が起きた。1840年、ジョージ・カリスは、アメリカの先住民を大火事から避難させた。ところが後になって、救助された人々がカリスを恨んでいることがわかった。なぜなら彼らは、カリスの馬の蹄が火の神様を目覚めさせたと考えたのである。そのためカリスは、火事の原因と結果に責任があると見なされたのだった。

1900年までに、新しい科学的なエートス（思考慣習）が広がって、忠実な信仰は守勢に立たされるようになった。しかしながら、ナショナリズムと軍事主義という悪魔を追い払うことはなかった。これらは、当時の最も善良な精神をも支配した。1914年に、ウィトゲンシュタインがオーストリア陸軍に志願したとき、彼の知人の一人が驚いて次のように言った。「彼は拳銃を手にして、人を殺すために駆け回りたいんだ。」トーマス・マンは、ドイツ文化の物質主義に対する優位性を示すためには戦争が必要だと感じていた。リルケは戦争の勃発を「主なる神の復活」と呼んだ。マックス・ウェーバーは、「この戦争は偉大で素晴らしい」と感動の喜びを表した。聖人とも言うべきマルティン・ブーバーでさえ、後にはシオニズムとユダヤ人ナショナリズムを同一視することに反対したが、錯乱して次のように言っている。「私はベルギー女性が傷ついたドイツ人兵士の目から眼球を取り出して、その空ろの目の中にドイツ兵の軍服からもぎ取ったボタンを差し込んで喜んでいたのを知っている。」(Elon, 2003)。

4-3-1 今日の道徳性

20世紀に入ると、認知的進歩が道徳的な進歩にさらに微妙な影響を及ぼし始めた。ナショナリズムと人種差別意識は、第二次世界大戦の間にピークを迎えた。しかし、その後、時代の進歩に伴って、認知的にも進歩した人々の間では、そうした偏見の主導者は次第に旗色が悪くなっていった。また、何も悪いことをしていない人が理不尽な罰を受けるようなことも、次第に少なくなってきた。そして、この時期は集団としてのIQ上昇が生じた時期と重なっている。したがって、認知的進歩が道徳的進歩をもたらすという筋書きを語ることが可能になってきた。もちろん私が言いたいのはIQ上昇それ自体ではなく、それが示す新しい「心の習慣」の大きな意味である。そこで次に、認知的進歩と道徳的進歩の関連性について検討してみよう。

現代的精神は人間の心を具体的世界に縛りつけていた鎖を断ち切り、仮説を立て、抽象的概念を分析するために論理を用いるよう求めるが、遅くとも1900年頃にはそれが優勢な思考様式になった。では、そうした新しい「心の習慣」は、いかにして人類が石器時代から受け継いできた偏見と残酷さに基づく非合理的な道徳判断からの脱却を可能にしたのであろうか？

まず、仮説的推論を取り上げてみよう。1章で述べたように、ルリヤは、「北極にはシロクマがいるだろう」とか「ドイツにはラクダがいないだろう」と仮説的推論をすることができない人々の例を多数挙げている。人種差別と闘うとき、仮説的推論は成熟した道徳的な議論の基礎になる。1955年に、マーティン・ルーサー・キングはモンゴメリー・バス・ボイコット運動を始めた。当時21歳だった私の知り合いの若者たちは、大学から実家に戻り、彼らの親や祖父母たちと話し合った。そのときの若者と親の問答は次のようであった。問い：「もし、あなたが明日起きて黒人になっていたらどうするか？」回答：「そんなことを尋ねるなんて馬鹿げたことだ。一夜にして黒人になる人がいるなんて聞いたことがない」。これは正にルリヤの研究で、ロシアの人々が「現実の問題ではない質問にどうして答えられるのか？」と問い返したのと同じである。そのとき彼らは真剣であった。彼らは単に、仮説的推論をすることには真剣になれなかっただけなのである。

ナショナリズムに関しては、私は『愛国心を超えて』（2012）において、第二次世界大戦から今日までの間に一部のアメリカ国民の愛国心が低下傾向にあると診断した。参考までに、次の問いに答えていただきたい。「近所の人がタリバンを1人かくまっていたために、あなたの家が無人偵察機によって攻撃されたとしたらどうしますか？」あるいは次の問いに答えていただきたい。「ある戦争で3000人のアメリカ国民を救うために、相当数の外国人を殺した。あなたなら何人の外国人を殺したところで戦争を終結しますか？　1万人か10万人か100万人か？」この問いに対する答えは、年配者と若者では異なる傾向を示していた（年配者：「彼らの政府は彼らを守り、私たちの政府は私たちを守る」）。ちなみにヴォルテールは次のような言葉を残している。「進軍の太鼓の前には、すべての人間の理性は消えてしまう。もっとも、理性の程度と太鼓の音の大きさにもよるだろうが」。

次に1章で取り上げた、抽象概念を論理的に分析することと道徳的判断の関係について検討してみよう。物事を抽象的・論理的に考える心の習慣は、過去の遺産である残酷性を引き継いでいる土着的な道徳規準に対抗するための強力な武器になる。レイプされたという理由で自分の娘を殺したイスラム人の父親の事件は、世界に衝撃を与えた。私たちは誰もが、その父親に次のように尋ねたくなるだろう。「あなたが殴られて失神してしまい男色行為をされたとしたらどうしますか？」おそらくその父親は動じることはないだろう。なぜなら彼は、道徳的規準を具体的なものとして捉えており、石や木のような現実の事物と同様に、論理に従うものではないと考えているからである。つまり彼は道徳的規準を論理によって一般化できるような普遍的なものとしては捉えてはいないのである。これに対し現代的精神は、道徳的規準を一般化できる普遍的なものとして捉え、個々の事例を相互に辻褄の合うものとして取り扱おうとする。たとえば私は私の講義を受講していた1人の学生から、次のような質問を受けたことがある。「先生は他文化の習慣について価値判断をすべきではないと言われました。その一方で、女性の権利を擁護するべきだとも言われました。では、女性の割礼の習慣について、先生はどのように言われるのですか？」彼が期待していた答えが何であれ、彼の道徳的推論は、イスラム人の父親の道徳的判断に比べると、はるかに認知的に進歩していることは明らかである。

言い換えれば、現代的な心の習慣は、単に現代生活に適応するのに役立つだけでなく、成熟した道徳的推論によって現代世界を改善することにも役立つのである。心の習慣はマーティン・ルーサー・キングと共に自由に向かって行進することの意義や、ベトナムやイラク・アフガニスタンで外国人を殺害したことの見返りとして受けたダメージを真剣に受け止めることの大切さを教えてくれる。「ベトナムを爆撃して石器時代にしてやる」と言う将軍は、今時いないであろう。もちろん私は、すべての人が人種差別やナショナリズムや残酷さから脱却するための最初の一歩を踏み出したわけではないことを知っているし、多くの要因が偏見を見えにくくしていることにも気づいている。しかしながら、道徳哲学の研究と教育に人生のすべてを捧げ、1957年に南部でその仕事を開始した者として、私は偏見を減らすためには理性の教育こそが重要であることを知っている。

上述した理性と道徳性の関係についての私の説明が、宗教それ自体に悪いイメージを与えないことを私は願っている。理性は決して聖戦の情熱を作り出したりはしない。しかしながら聖戦の情熱は、20世紀にナチスやスターリニストによって利用され、人類に甚大な被害をもたらした。では、人種差別やナショナリズムが衰退したことで、はたして私たちは聖戦熱に感染するのを防ぐ免疫力を得たのだろうか？　おそらくヨーロッパでは、免疫力を得たであろう。その証拠に、ネオナチス党が台頭したにもかかわらず、今なお小数派であり、重要ポストに手招きされるやすぐに穏やかな政策に転換したことからも、そのことがわかる。

スンニ派とシーア派がバグダッドの支配権を得るために戦ったことからもわかるように、宗教的虐殺の危険性は今日もなお残っている。しかし、今のところ彼らは暴力の矛先を中東以外の国々に向けるのではなく、敵対する宗派またはイスラエルに向けることに専念しているようである（中東に干渉することで彼らを激怒させたときを除いては）。ちなみに、ピンカーは、テロリズムの減少に関して次のように予測している。「スンニ派とシーア派はダメージを与えることができる。しかし、その可能性は定かではないが、もし近代化が中東に遅まきながらやってくれば、スンニ派とシーア派はその地歩を失うことになるだろう。」

4-4 危機に瀕する進歩

ピンカーは21世紀に道徳性の進歩がこのまま順調に持続するかについては保留したが、学者は概ね未来を予測することに対して慎重なものである。しかし私は、大胆に未来の予測をして、警告を発したいと思う。私がこのような気持ちになったのには理由がある。それは、かつては道徳性の進歩を促進していた要因が、今日では私たちが直面している喫緊の課題に取り組むのを妨げる要因になっているからである。それは、地球規模の気候の変化である。そして私が危惧しているのは、平和を維持するための最も重要なルールが、今なお無視しされ続けているという事実である。

過去においては、より多くの国が経済的に発展し、活発に国際貿易を行うことは良いことであった。ところが今日、経済発展を推し進めることによって、大気中の二酸化炭素の削減が不可能になる恐れが生じている。この問題について私はすでに本を著しているので、ここでは繰り返すことはせず、そのことと関連する問題について述べることにする。

懐疑論者たちは、気温変動にはサイクルがあり、それと炭素は関係がないと主張している。産業化によって二酸化炭素の排出量が上昇し始める以前に、気温はすでに現在のレベルになっていたという彼らの主張は正しい。

しかし、そのことは、炭素は関係がないことを意味しているわけではない。地球の歴史上、大気中の炭素含有量が1000ppm（大気中の二酸化炭素の割合が100万分の1000であるということ）を越え、それでも北極の氷が溶けなかった時期は一度もない。もし北極の氷が消滅すれば、大災害が起きるだろう。南極大陸西部の氷河は次第に壊れやすくなっているように見える。そして、もし大きな氷塊が消滅すれば、世界は海面が3.3m（10フィート）上昇することになるだろう。

数世紀後、北極と南極の周辺だけが温帯地帯になった地球を想像してみよう。レースが、次の2つの間で進行している。経済生産高あたりどれだけの二酸化炭素を排出するか。それは1年間に1.3%ずつ減少している。そして、どれほどの早さで経済成長が進むか。それは1年間に3.45%ずつ拡大している。このレースの勝敗は明らかである。

図4-1は、このレースの予測を示している。2050年までに、二酸化炭素（CO_2）の大気中の含有量は500ppm（後戻りできない点と呼ぶ人もいるが）を超え、2100年には1000ppm、つまり北極の氷が消滅するレベルに到達するだろう。一方、レースに勝つためには、今世紀末までに世界の人口が70億人から100億人にまで増加するにもかかわらず、経済成長率を落とさなければならない。先進国の人々は、生活水準を下げなければならないだろう。かくして発展途上国の人々を貧困から救おうという現在の経済政策は、悲劇的な結果を招くことになるだろう。これがすなわち、京都議

図4-1　2010年～2110年の大気中CO_2予測

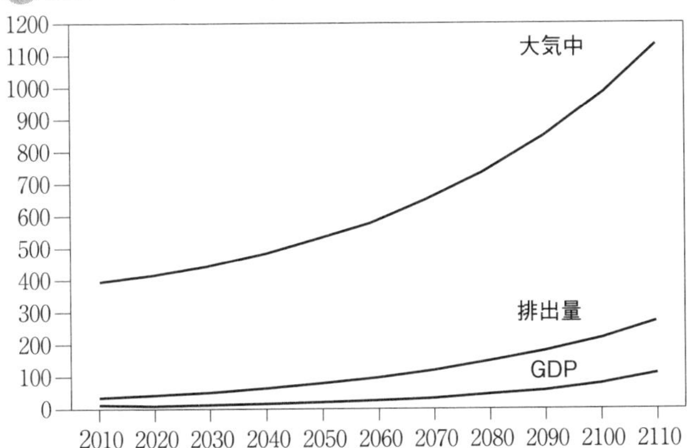

定書が袋小路に陥ってしまった理由に外ならない。繁栄を引き下げる公約を掲げて再選を戦うアメリカの大統領選挙の候補者がいるだろうか？　貧しい農村に現在の貧しい状態であり続けるようにと言う中国の指導者がいるだろうか？　今必要なのは新しい視点である。つまり、世界中の貧しい人々にとっての唯一の希望である経済成長を持続させつつ、気温上昇を食い止める方法を開発することが求められているのである。

このことは、私たちが実用可能なクリーン・エネルギーを開発するまでの時間を稼がなければならないことを意味している。そのためには、気象工学を採用するべきである。もし気象工学が自然の法則に反していると言うのであれば、大気を二酸化炭素で汚染することは自然の法則に反していないのだろうか？　イギリスのスティーブン・ソルターは、最も危険性の少ない方法を提案している。それは大艦隊で海上から海水を上空に向けて噴霧することで雲を白くし、太陽の熱を反射させてしまうという方法である。この方法を採用すれば、地球規模の気候を変化させることに比べるとはるかに低コストで、しかも現在の降水パターンを乱すことなく、気温をコントロールすることが期待できる。したがって、この方法で地球の気温を下げ、その間にクリーン・エネルギーを開発すればよいのである。たとえば、レーザー光線またはプラズマのどちらかを用いて水素の核融合の技術を開発するのである。しかし、アメリカの連邦議会はこの方法の利点を認識しておらず、絶えず資金カットの圧力をかけている。

気温上昇と二酸化炭素は関係がないと主張する人までが、しかも、左翼、右翼、中立の政治的信条に関係なく、こぞって何らのデメリットなしに経済的発展を保障する気象工学やクリーン・エネルギーの開発になぜ反対するのか、私は不思議でならない。人類は生存の危機に瀕しているわけではないにしても、人類１万年の歴史上、初めて進歩が逆戻りするかもしれない危機に直面しているのである。このようなときこそ、国際的視点に立った共通の新しいビジョンを持つことが重要である。しかしながら、人類が認知的進歩によって獲得した仮説的推論や抽象的・論理的思考のための思考回路が自動的な短絡思考に陥ってしまい、認知的進歩がもたらした道徳心の配当でやりくりしているほうが楽なのだろう。おそらく、認知的進歩の現在の発達水準では、新しいビジョンを持つのは負担が大きすぎるのかもしれない。私はそうではないことを願っているが、この点についての予測をするのは差し控えることにする。

「他国の領土を併合するために国境を侵犯して戦うべからず」の戒律を守ることが、21世紀の残りの期間、国家間の戦争を抑止するための土台となるであろう。中東は今、イスラム教徒のスンニ派とシーア派の敵対関係によって非常に不安定な状態にあるが、おそらく両派は、少なくともリーダーシップが民衆に渡ったときには、聖戦のイデオロギーを持つ最後のグループとなるだろう。過去25年間において、他国の領土を併合するために国境を侵犯したのは、1991年にクウェートに侵攻したサダム・フセインだけである。

しかしながら、国境の曖昧さのために、はるかに危険な状態が生じている。すなわち、多くのアラブ人は1967年に国境として定められたイスラエルとヨルダン西岸地域の占領地域の境をイスラエルとパレスチナ国家の潜在的な国境だと見なしている。このためアラブの穏健派でさえも、イスラエルのヨルダン西岸地域への入植を領土侵犯だと捉えており、このことがイスラエルを抹殺するための聖戦を鼓吹する過激派に格好の口実を与えている。テロリスト集団は、彼らが使えるありとあらゆる妨害手段を用いてイスラエルを苦しめている。彼らが無人飛行偵察機を入手すれば、その危害は耐え難いレベルになるだろう。

中東での戦争、もしかしたら核兵器の使用が、次の100年の破滅の原因となることはないかもしれない。しかしその可能性は十分あり、イスラム世界と世界全体に暗い影を落としている。地球規模の環境問題と領土をめぐる地域紛争、この2つは21世紀の人類に突きつけられた、喫緊の課題である。それに比べれば、中国とアメリカのどちらが早く新しい優生学をより効率的に使用するかという問題は、人類の進歩にとってそれほど重要ではないように思われる。

引用文献

Aulette, J. R. (2010). *Changing American families.* London: Pearson.

Brinton, C. (1959). *A history of Western morals.* New York, NY: Harcourt.

Brüne, M. (2007). On human self-domestication, psychiatry, and eugenics. *Philosophy, Ethics, and Humanities in Medicine, 2*, 21. doi:10.1186/1747-5341-2-21.

Elon, A. (2003). *The pity of it all: A portrait of the German-Jewish epoch 1743-1933.* New York, NY: Picador.

Evans, E. P. (1987). *The criminal prosecution and capital punishment of animals.* London: Faber and Faber. (Original work published 1906).

Flynn, J. R. (2000). *How to defend humane ideals: Substitutes for objectivity.* Lincoln, NB: University of Nebraska Press.

Flynn, J. R. (2008). *Where have all the liberals gone? Race, class, and ideals in America.* Cambridge UK: Cambridge University Press.

Flynn, J. R. (2012). *Beyond patriotism: From Truman to Obama.* Exeter, UK: Imprint Academic.

Hallpike, C. R. (2008). *How we got here: From bows and arrows to the space age.* Central Milton Keynes, UK: AuthorHouse.

Leach, H. M. (2003). Human domestication reconsidered. *Current Anthropology, 44*, 349-368.

Mahfouz, N. (1956). *Palacewalk.* New York, NY: Anchor Press. (Trans. 1990: William Maynard Hutchins & Oliver E. Kerry). 〔マフフーズ, N. ／塙治夫・訳（2011）『張り出し窓の街』国書刊行会〕

Mahfouz, N. (1957a). *Palace of desire.* New York, NY: Anchor Press. (Trans. 1991: William Maynard Hutchins, Lome M. Kerry, & Oliver E. Kerry). 〔マフフーズ, N. ／塙治夫・訳（2012）『欲望の裏通り』国書刊行会〕

Mahfouz, N. (1957b). *Sugar street.* New York, NY: Anchor Press. (Trans. 1992: William Maynard Hutchins & Angele Botros Samaah). 〔マフフーズ, N. ／塙治夫・訳（2012）『夜明け』国書刊行会〕

Menninger, K. (1938). *Man against himself.* San Diego, CA: Harcourt. 〔メニンジャー, K. A. ／草野栄三良・訳（1963）『おのれに背くもの 上・下』日本教文社〕

Oesterdiekhoff, G. W. (2009). *Mental growth of humankind in history.* Norderstedt, Germany: Norderstedt Bod.

Pinker, S. (2011). *The better angels of our nature: Why violence has declined.* London: Penguin. 〔ピンカー, S. ／幾島幸子・塩原通緒・訳（2015）『暴力の人類史 上・下』青土社〕

Smith, H. (1953). *Man and his gods.* London: Jonathan Cape.

Virk, S. H. (2012). *The domestication theory.* 〈http://worldpulse.com/node/49936〉 Accessed 25.02.2012.

Wilson, P. J. (1988). *The domestication of the human species.* New Haven CN: Yale University Press.

5章　遺伝子と個人差

私たちは誰しも、人類が千年にわたって、また最近の世代においても、絶えず認知的進歩と道徳的進歩を継続してきたことを喜ばねばならない。しかしながら、私たちの遺伝子と個人史についてはどうだろうか？　遺伝子が個人に及ぼす影響を避けて通るならば、遺伝子の重要性を過小評価することになる。環境要因によって世代間の集団としての大きなIQ上昇をもたらすことができるが、その一方で、遺伝子が世代内のIQの個人差をもたらす強力な要因であることも私たちは知っている。遺伝子が1世代のうちに強力な環境要因を利用するという事実は、実際、個人が環境要因を利用する、という事実を排除しない。したがって、個々人の認知的能力に関しては、遺伝子の個人差のほうが環境要因の差よりも予測力が高い。たとえば恵まれた家庭で育つか恵まれない家庭で育つかといった家庭環境の個人差よりも遺伝子の個人差の方が、はるかに重要なのである。

では、遺伝子は私たちから認知発達に関する自律性を奪ってしまうのだろうか？　この問題に関する以下の説明を理解するためには、これまでよりも専門的知識が必要になるだろう。そのため、以下の15ページにわたる内容を理解するのは少々難しいかもしれない。しかし、そこで仮定されていることが確かな根拠に基づいていることは、この分野の専門家も認めるだろう。したがって、遺伝子が私たちから認知発達に関する自立性を奪うかどうかを正しく評価できるはずであるが、難解すぎるようであれば読み飛ばして、「5-4-1　家庭環境と大学入試」の節に移っていただきたい。

5-1　加齢と家庭環境

個人の認知的能力の物語は、要するに個人の成長の物語に外ならない。

幼児期には、親は子どもたちの遺伝子の個人差を考慮せず、自分の子どもたちを平等に養育しようとする。そのため、親は子どもに共通の家庭環境を提供する可能性がきわめて高い。また、ある親が自分の子どもに提供する共通の家庭環境は、より豊かな親が子どもに提供する環境とは異なっているのが通例である。しかし、彼らが成長して学校に入り、仲間集団を形成するようになると、家庭環境の影響力は次第に弱くなり、より広い社会環境の影響力のほうが次第に強くなる。そして、その社会環境は、遺伝子の個人差に応じて異なる影響力を持ち始める。もちろん家庭内においても、あるいは小学校就学前においても、ある子どもは他の兄弟姉妹よりも親から提供される家庭環境をうまく生かそうとするかもしれない。しかし、学校に通い始めると、質の高い遺伝的資質を持って生まれた子どもは、より多くの注目を集めることで、読書のための本を豊富に与えられたり、読書クラブに入部したり、優秀児クラスに入ったり、読書好きな友達ができたりするだろう。このようにして次第に家庭環境の影響力が弱まり、逆に遺伝子の質と子どもの現在の環境の質との適合度が高くなるのである。

ここまで読み進めてきたところで、多くの読者は上述の説明に対し、理解はできるけれど納得はできないと感じているのではないだろうか。恵まれない家庭に生まれた子どもの場合、家庭環境の影響は簡単には消え去らない。家庭環境はどんな学校に通っているかとか、どんな友達と付き合うかにも関係するので、生涯にわたって消え去ることのない影響が残るはずだ、と反論するだろう。しかし、正常の範囲から極端に外れた家庭環境の場合は別としても（たとえば18歳までに複数の養育親の家庭を転々と移動した場合など）、そうした反論は間違っていることを示す確かな証拠があるのである。その証拠の要点は、次のような事実である。すなわち、17歳〜20歳までに、IQの個人差変動のうち家庭環境で説明できる分散（分散説明率）は消失し、遺伝子と現在の環境（環境の質）の適合度で説明される分散だけが残るのである。なお、家庭環境を通常「共通環境」と呼び、同一の家庭で育てられる環境と別の家庭で育てられる環境とを区別する。

前述したように、家庭環境の影響が消失すると、私たちの遺伝子は「現在の環境」との適合度が高くなる。それにもかかわらず、現在の環境は、個々人の遺伝的資質によらず、個々人のIQに大きな影響を及ぼす。どの年齢においても、個々人は幸運に恵まれたり（たとえば質の高い授業を受ける機会に恵まれる)、逆に不運な出来事（たとえば交通事故で脳外傷を被る）が起きたりする。しかし、こうした共通環境以外の要因は、誰もが持ちあわせうる要因である。したがって、個々人を集団として統計的に処理すれば、これらの要因はランダム変数として平均化され、それほど重要な要因ではなくなるのである。

そこで認知的能力が一定レベル周辺に集まっている集団を分析することにしよう。たとえば、知能検査の単語得点の平均が98パーセンタイルの集団、84パーセンタイルの集団、等々である。こうした集団は、どの年齢で家庭環境の影響が消えるかを査定するのに都合がよい。なぜなら、それぞれのレベルにおける「個人」の生活経験は個々さまざまで典型的ではないという事実は覆い隠されているが、集団としての平均は、認知レベルと環境の質との適合を意味しているからである。

5-2　新しい方法

さて、新しい方法を使って、読者の方々に家庭環境の影響が消失するという傾向を納得していただけるよう試みたい。読者もよくご存じのように、IQの個人差に及ぼす遺伝子と家庭環境の影響力を評価するための一般的に認められた方法は、親族研究である。親族研究では、一般に、誕生時に別れて生活することになった一卵性双生児のIQを調べる。つまり、別々の家庭環境で育った一卵性双生児のIQの類似性を調べることによって、遺伝子の影響力を推定するのである。また、養子になった子どものIQと実子の子どものIQの比較を行うこともある。つまり、環境の影響力を推定するために、遺伝子を共有しない子どものIQが同じ家庭環境を共有することによってどの程度類似しているかを調べるのである。その他に、同じ家庭環境で育った二卵性双生児の類似度を調べる親族研究もなされている（遺伝子的には通常の兄弟姉妹と同程度の類似度である)。

しかしながら、こうした親族研究には次のような問題点がある。すなわち、養子は成人期になるまで検査を受けないことが多い、養子を養育する家庭には一般に低階層が含まれない、一卵性双生児は最初に養育された家庭環境とそれほど環境が違わない親戚の家庭で養育されることが多い、などである。また、ある年齢と他の年齢の比較をするためには、多くの研究をつなぎ合わせなければならないという問題もある。さらに、そのようにして集積したデータは、家庭環境や共通環境の影響が成人期に消えることを示すことはできても、その年齢を特定することはできない。また、家庭環境の影響力は認知的能力の種類によって異なるかもしれない。しかも、親族研究は、一卵性双生児の数が限定されているので、すべての能力レベルの被検者のデータを収集するのが困難である。そして何よりも、親族研究を実施するには多額の研究費と労力を必要とする。

これに対し、ここで紹介する方法はコストがかからず、2、3日で実施でき、しかも年齢や能力レベルごとにデータを分析することができる。すなわち、ウェクスラー知能検査の標準化に用いられた標本データを利用するのである。子どもの標本のデータは、1947年～1948年のWISC（ウェクスラー児童用知能検査）、1972年のWISC-R（改訂版ウェクスラー児童用知能検査）、1989年のWISC-Ⅲ、2002年のWISC-Ⅳの手引きのデータが使用できる。大人用の標本のデータは、1953年～1954年のWAIS（ウェクスラー成人用知能検査）、1978年のWAIS-R（改訂版ウェクスラー成人用知能検査）、1995年のWAIS-Ⅲ、2006年のWAIS-Ⅳが使用できる。なお、これらは、実際に標本調査が実施された年である。ちなみに、ウェクスラー知能検査には、10または11の下位検査があり、そのうちの1つは単語検査である。

ここでは例として、単語検査の分析結果を示すことにする。単語検査は普段使う語彙の検査であり、専門用語は含まれていない。また、単語検査の成績は、他の下位検査の成績やその後の生活史の最も予測力が高い指標となることがわかっている。なお、この新しい方法は、WISCとWAISのすべての下位検査や、子どもから高齢者までを対象とした類似の検査のデータにも適用可能である。

5-2-1 惑星の存在を探索する

私たちは、見ることのできない惑星の存在を、その惑星が他の天体に与える影響から確認することができる。つまり、ある天体が重力によって自然な軌道から外れているなら、それはその天体を重力で引っ張る惑星が近くに存在していることを示している。これと同様に、他の要因に及ぼす影響を調べることによって、家庭環境の影響を探索することができる。つまり、家庭環境の影響が存在するのであれば、子どもと成人のIQが本来示すべきパターンを歪めるであろう。本来のパターンは、WISCのデータからWAISのデータへと一貫していると仮定される。これが新しい方法の基本原理であるが、その詳細に入る前に、論点を整理した以下のボックスを参照していただきたい。

年齢合わせの詳細

最初にWISCとWAISの標本の構成について、再度確認しておく必要があるだろう。17歳以上の世代とその親の世代（17歳の子どもよりも28歳年上の世代）のIQを比較する場合、WAISは17歳以上のすべての年齢をカバーしているので、WAISのデータをそのまま用いることができる。しかし、17歳より若い世代とその親の世代を比較する場合には、WISCとWAISのデータを関連づけなければならない。たとえば、12歳と40歳を比較する場合には、次の3段階が必要になる。第1段階では、12歳の得点を17歳のWISCのデータで基準化して変換する。第2段階では、40歳の得点を17歳のWAISのデータ群で基準化して変換する。第3段階では、2つの得点差を加算する（12歳が17歳に及んでいない得点と17歳が40歳に及んでいない得点を加算する）。

ただし、WISCの17歳とWAISの17歳では質的にあまり一致していない。たとえば、1995年のWAIS-Ⅲのサンプルは標準化途中であった可能性がある（Flynn, 2012a）。しかし、17歳での比較はWISCのデータセットとWAISのデータセットそれぞれの内部におけるものなので、これは問題にならない。つまり、WISCの17歳の標本を用いて年少の子どもと比較する場合、および、WAISの17歳の標本を用いて成人と比較する場合、尺度の連続性は保証されている。なお、子どもと28歳年上の世代をペアにして比較した理由は、28歳が1950年～2004年に誕生したアメリカの子どもの親の平均年齢だからである（ただし、父親は母親よりも3歳年長である）。WISCとWAISの標準化データをペアにする場合、測定がなされた年度は十分に近接しているので、4年～6年のズレは、ほぼ同時代の成人と子どもの比較と見なしてよいだろう。ただし、便宜的に両者の中間に設定した。そのため、WISC／WAISは、1950.5年に設定し、他は1975年、1992年、2004年に設定した。

5-2-2 惑星にはどのような役割があるのか？

たとえば、40歳もしくは45歳の成人は、家庭環境の影響を完全に脱していると仮定しよう（このことに関しては後ほど検討することにする）。また、この分析では集団の平均を扱うので、現在の環境が集団内の個人に及ぼす影響力は、良い方向であれ悪い方向であれ、平均するとゼロになると仮定しよう。もしそうであれば、認知能力のレベルでグループ化した場合、成人の遺伝的要因と現在の環境要因の間は完全に適合しているだろう。つまり、家庭環境と現在の環境のズレは消失し、1章で見たように、成人の遺伝子の質は、遺伝子の質と環境の質との間のほぼ完全な適合を達成しているだろう。

他方、子どもの場合には、そうした完全な一致が見られないとしよう。これは、子どものIQを成人のIQ分布上で位置づけてみればわかる。すべてのIQレベル集団において一定のパターンが維持されているなら、次のことが観察されるはずである。すなわち、子どものときのIQが98パーセンタイルであった子どもが、成人においてもそのパーセンタイルに位置づけられるためには、一定の進歩が必要であろう。同様に子どものときのIQが84パーセンタイルであった子どもが成人になってもそのパーセンタイルに位置づけられるには、それに見合う進歩が必要であろう。子どもの頃のIQが中央値であった子どもの場合も、中央値より下の子どもの場合も同様である。

ところが実際には、子どものIQと成人のIQとのズレがIQレベルによって体系的に変化することが明らかになっている。すなわち、高いIQレベルの子どものほうが低いIQレベルの子どもに比べて、成人のIQとのズレが大きいのである。このことは、子どもには作用し、成人には作用しない何らかの影響力が存在することを意味している。その力がすなわち、家庭環境だと私は考えている。つまり、IQが98パーセンタイルの知能が高い子どもは、家庭環境の質が平均して98パーセンタイルのレベルよりも低い家庭環境によってIQが「引き下げられ」、逆にIQが2パーセンタイルの知能が低い子どもは、平均してそれより質の高い家庭環境によってIQが「引き上げられる」のである。

5-2-3 惑星の引力を測定する

上述の推論は、決して的外れではない。なぜならIQが98パーセンタイルの知能が高い子どものすべてが、家庭環境の質も98パーセンタイルのレベルの恵まれた家庭の出身であるとは考えられないからである。おそらく彼らの家庭環境の質は、非常に高いレベルから下は平均的なレベルまでの範囲に分布しているだろう。同様にIQが2パーセンタイルの知能が低い子どものすべてが、同じ低いレベルの家庭出身というわけではない。おそらく彼らの家庭環境は、非常に低いレベルから平均的なレベルの範囲に分布しているだろう。したがって、いずれのケースにおいても、家庭環境の影響力が遺伝子と一致しておらず、そのことが子どものIQと大人のIQのズレを生じさせるのである。

家庭環境の影響力を査定するためには、子どものIQ分布の中央値と成人のIQ分布の中央値の差を指標とすることができる。なぜなら、子どものIQが50パーセンタイル（中央値）のレベルでは、家庭環境のポジティブな影響とネガティブな影響が相殺されるからである。つまり、IQが50パーセンタイルの子どもたちは、家庭環境の質も中央値の上下に対称的に分布していると仮定できる。それゆえ、これらの子どもの遺伝子と環境の質の適合性は、中央値の成人のそれと同じであろう。なすべきことは、中央値のレベルの子どもと大人の得点差と、高いパーセンタイルのレベルの子どもと大人の得点差の差を求めることであり、そうすれば家庭環境のネガティブな影響を測ることができる。このレベルの子どもは質の低い家庭環境から不利を被っているので、同じレベルに位置する大人とのギャップがより大きく、その差はプラスとなる。これに対し、中央値のレベルの子どもと大人の得点差と、低いパーセンタイルのレベルの子どもと大人の得点差の差を求めれば、家庭環境のポジティブな影響を測っていることになる。このレベルの子どもは家庭環境から利益を得ているので、同じレベルに位置する大人とのギャップがより小さく、その差はマイナスとなる。

5-2-4 惑星の正体は何なのか？

子どものIQと成人のIQのズレを生じさせるのは、はたして家庭環境だけなのだろうか。この点に関しては、少々曖昧さが残っている。IQの個人差に影響するのは次の3つの要因である。すなわち、遺伝子、家庭環境（しばしば共通環境と呼ばれる）、現在の環境（しばしば非共通環境と呼ばれる）である。したがって、子どものIQと成人のIQのズレを生じさせる家庭環境以外の要因としては、遺伝子の質と現在の環境の質の2つが、可能性として考えられる。

おそらく遺伝子の質が与える影響はわずかであろう。もしその影響があるとすれば、家庭環境の影響にわずかな過小評価を生じさせるだろう。たとえば単語検査の得点が高い子どもが、加齢に伴ってますます質の高い遺伝子の影響を受けるようになるとは考えられない。しかし、わずかなネガティブな影響があるだろう。なぜなら、好ましくない家庭環境のネガティブな影響が薄れるのに伴って、遺伝子の質が多少低くても単語検査で同等の高得点をとると考えられるからである。

前述したように、現在の環境は不可抗力の幸運や不運に関連している。どの年齢段階においても、単語検査の得点が高い人は、平均的な人に比べると、より多くの幸運に恵まれた人であることは確かであろう。しかし問題は、この幸運による利点が年齢に伴って変化するかどうかである。もし変化するなら、たとえばこういうことになる。単語検査での高得点は、6歳時点で悪い教師より良い教師に出会うという幸運に恵まれていた。しかし、16歳の時点で青年期トラウマ経験の多寡で幸運・不運のバランスが変化し、26歳の時点では職に就けたかどうかで幸運・不運のバランスがさらに変化した。実際こうであったとすれば、双生児研究や親族研究は現在の環境の説明率（IQ個人差の分散）が年齢とともに変化することを示しているはずである。しかし実際には、多くの親族研究は、非共通環境の分散説明率はすべての年齢段階において約25％で安定していることを示しているのである（Haworth et al., 2010; Jensen, 1998）。

5-2-5 惑星の漸進的な消失

以上をまとめると、IQ得点がトップレベルの子どもは何らかの要因によるネガティブな影響を受けており、成績の下層レベルの子どもはポジティブな影響を受けている。その影響を及ぼしているのは、主に家庭環境だと考えられる。そして、家庭環境の影響力は一様ではなく、子どものIQのレベルに応じて異なる。家庭環境の影響が消失すると、すべてのレベルにおいて遺伝要因と環境要因が完全に適合する。家庭環境の影響が消失した程度は、すべてのIQレベルにおける成人と子どもの得点の差（ズレ）が成人と子どもの中央値の差（ズレ）と一致する程度によって査定できる。なお、以上の説明ではまだ十分ではないと思う読者のために、付録Bに、この方法についての詳細な説明を付加しておく。

5-3 新しい方法の適用例

ここでは単語検査の次の5段階の得点レベルで、子ども（6歳～25歳）と中高年を比較してみよう。すなわち、中央値、中央値から1SD高いレベル（84パーセンタイル）、中央値より2SD高いレベル（97.73パーセンタイル）、中央値より1SD低いレベル（16パーセンタイル）、中央値より2SD低いレベル（2.27パーセンタイル）の5段階である。なお、成人と子どもの差は、すべてIQ得点である（SD = 15）。

表5-1は、WISCとWAISの標準化が行われた4つの時期の中間の年における子どもと成人の得点を比較したものである。それぞれ、1950.5年、1975年、1992年、2004年である。成人と子どもの間の得点差の平均を見てみよう（太字）。中央値での成人／子どもの得点差からの偏差は、高いレベルと低いレベルにおいて顕著であり、予想された方向に偏っている。つまり、中央値より上では大きく、中央値より下では小さい。たとえば、13歳～16歳と42.5歳の比較では、中央値での得点差は、約19ポイント（SD = 15）である。しかし、中央値よりも高いレベルでの得点差は22～24ポイントであり、中央値よりも低いレベルでの得点差は13～15ポイントである。そして、このような得点差のパターンは、少なくとも17歳まで持続している。

表 5-1　5段階のIQレベルごとに見た、大人／子どものIQ得点差（標準化が行われた4つの時期の中間年における比較）

大人の年齢	35	37.5	40	42.5	45	45－55	
子どもの年齢	6－8(－)	8－11(－)	11－13(－)	13－16(－)	17	18－20(－)	20－25(－)
＋2SD（1950.5）	66.54	50.69	34.53	21.54	13.37	9.78	7.17
＋2SD（1975）	71.52	52.11	35.70	21.06	11.79	10.73	3.23
＋2SD（1992）	75.81	52.91	38.58	25.49	12.75	9.00	7.50
＋2SD（2004）	67.13	46.29	32.58	20.91	13.13	9.00	7.01
平均	**70.25**	**50.50**	**35.35**	**22.25**	**12.76**	**9.63**	**6.23**
＋1SD（1950.5）	62.36	49.68	36.60	23.60	15.65	8.81	5.18
＋1SD（1975）	70.07	47.88	32.55	21.44	12.50	9.99	2.13
＋1SD（1992）	78.50	50.49	36.72	25.70	17.25	11.34	11.34
＋1SD（2004）	67.50	48.86	34.70	24.24	18.29	16.01	12.00
平均	**69.61**	**49.23**	**35.14**	**23.75**	**15.92**	**11.54**	**7.67**
中央値（1950.5）	55.88	37.87	25.88	15.27	9.53	4.07	0.81
中央値（1975）	65.91	43.05	29.06	20.54	13.40	9.11	2.67
中央値（1992）	－	47.36	30.69	20.91	15.84	14.25	14.25
中央値（2004）	－	40.23	28.34	19.13	12.00	11.25	8.25
平均	－	**42.13**	**28.49**	**18.96**	**12.69**	**9.67**	**6.50**
－1SD（1950.5）	－	－	18.68	10.49	7.01	1.95	1.95
－1SD（1975）	－	－	22.19	14.06	9.17	8.33	－0.41
－1SD（1992）	－	－	27.02	18.26	11.88	10.62	10.62
－1SD（2004）	－	－	25.44	17.45	8.57	7.14	4.26
平均	－	－	**23.33**	**15.06**	**9.17**	**7.01**	**4.11**
－2SD（1950.5）	－	－	17.31	7.49	2.82	1.77	1.77
－2SD（1975）	－	－	17.67	10.92	4.74	3.95	0.00
－2SD（1992）	－	－	30.09	16.94	8.22	7.85	4.28
－2SD（2004）	－	－	24.38	16.26	7.50	6.26	3.75
平均	－	－	**22.36**	**12.90**	**5.82**	**4.96**	**2.45**

遺伝子の質と家庭環境すなわち共通環境との不一致の可能性を査定するためには、中央値より上のレベルにおける成人／子どもの得点差から中央値における成人／子どもの得点差を引き、また、中央値より下のレベルにおける成人／子どもの得点差から中央値における成人／子どもの得点のズレを引けばよい。通常、この値は中央値より高いレベルでは正の数値になり、低いレベルでは負の数値になる。

表5-2は、表5-1からその数値を導いたものである。見えない惑星の重力の影響を測定することによってその存在を推測できるのと同様に、中

央値より高いレベルにおいてはプラス、中央値より低いレベルにおいてはマイナスの数値であり、これは家庭環境が影響を及ぼすことを示している。11歳～13歳および13歳～16歳の年齢では、すべての得点レベルにおいて家族環境の影響力が作用している。しかし、17歳では家庭環境の影響が＋2SDの得点レベルでは見られなくなり、他の得点レベルではまだ残っている。そして、18歳～20歳および20歳～25歳の年齢に達すると、中

表5-2　大人／子どもの単語得点差：中央値より上／下の得点の、中央値の得点との差異

子どもの年齢 11－13　大人の年齢 39－41
35.35（＋2SD）　－28.49（median）＝＋6.86
35.14（＋1SD）　－28.49（median）＝＋6.65
28.49（median）－28.49（median）＝－
23.33（－1SD）　－28.49（median）＝－5.16
22.36（－2SD）　－28.49（median）＝－6.13
子どもの年齢 13－16　大人の年齢 41－44
22.25（＋2SD）　－18.96（median）＝＋3.29
23.75（＋1SD）　－18.96（median）＝＋4.79
18.96（median）－18.96（median）＝－
15.06（－1SD）　－18.96（median）＝－3.90
12.90（－2SD）　－18.96（median）＝－6.06
子どもの年齢 17　大人の年齢 45
12.76（＋2SD）　－12.69（median）＝＋0.07
15.92（＋1SD）　－12.69（median）＝＋3.23
12.69（median）－12.69（median）＝－
9.17（－1SD）　－12.69（median）＝－3.52
5.82（－2SD）　－12.69（median）＝－6.87
子どもの年齢 18－20　大人の年齢 45－55
9.63（＋2SD）　－ 9.67（median）＝－0.04
11.54（＋1SD）　－ 9.67（median）＝＋1.87
9.67（median）－ 9.67（median）＝－
7.01（－1SD）　－ 9.67（median）＝－2.66
4.96（－2SD）　－ 9.67（median）＝－4.71
子どもの年齢 20－25　大人の年齢 45－55
6.23（＋2SD）　－ 6.50（median）＝－0.27
7.67（＋1SD）　－ 6.50（median）＝＋1.17
6.50（median）－ 6.50（median）＝－
4.11（－1SD）　－ 6.50（median）＝－2.39
2.45（－2SD）　－ 6.50（median）＝－4.05

央値より高いレベルでは家庭環境の影響力が消失し、中央値より低いレベルではまだ影響力が残っていることがわかる。

5-3-1 推定値の補正

表5-2に示した推定値は、家庭環境の影響を過小評価している可能性がある。そのことを、単語検査の得点が+1SD（84パーセンタイル）の場合を例にとって説明してみよう。この場合、ほとんどの子どもは家庭環境の質が84パーセンタイルより低いレベルの家庭で育てられたと考えられるが、それより家庭環境の質が高い子どももある程度いるであろう。それゆえ、表5-2の推定値は、対立する2つの引力の合力を示していると考えられる。つまり、あまり良好でない家庭環境の影響による大きな力が得点を引き下げる方向に働き、良好な家庭環境の影響による小さな力が得点を引き上げる方向に働くであろう。同様に、−1SD（16パーセンタイル）の場合には、逆に大きな力が得点を引き上げる方向に働き、小さな力が得点を引き下げる方向に働くであろう。84パーセンタイルの17歳では、得点を引き上げる力よりも引き下げる力のほうが3.23ポイント大きい。つまり、表5-2の数値は、得点を引き上げる力と引き下げる力が相殺し合わない場合の、純粋な家庭環境の影響力を示していないのである。

上述の問題点を解消するために、表5-2の推定値を補正する方法を考えてみよう。そのためにはいくつかの仮定を設ける必要があるが、それは決して根拠のない恣意的な仮定ではない。その算出方法については付録Bで詳述することにして、ここではこの方法が合理的であることを例示するに止める。単語検査の得点が98パーセンタイル（中央値よりも2SD高い）のレベルでは、ごく少数の子どもがこのパーセンタイルよりも質が高い家庭環境（トップの2%）で養育され、多くの子どもがこれより質が低い家庭環境で養育されたと考えられる（家庭環境の質が98パーセンタイルから少なくとも50パーセンタイルまで）。したがって、単語検査の得点に及ぼす家庭環境の影響力は、大部分が得点を引き下げる力であって、得点を引き上げる力はごくわずかであろう。そこで、得点を引き下げる力と引き上げる力の割合を厳しく見積もって51対1、よりありえそうな見積もりとして24.2対1を仮定することにしよう。そうすると、以上の仮定に基づく補正によって、表5-2の推定値が少しだけ上昇する。たとえば、表5-2の右上の11歳～13歳の中央値から2SD高い子どもの場合、+6.86の推定値が厳しい補正では+7.13にまで上昇し、よりありえそうな補正では+7.45にまで上昇する。

単語検査の得点が84パーセンタイル（中央値より1SD高い）の場合に同様の補正を行うと、補正の幅がさらに広がる。単語検査の得点が84パーセンタイルのレベルでは、かなりの数の子どもが84パーセンタイルよりも質の高い家庭環境で養育されたと考えられる。しかしもちろん、84パーセンタイル以下の、あまり良好でない家庭環境で養育された子どもの割合のほうが多い。そこで、得点を引き下げる力と引き上げる力の割合を、厳しく見積もって6.75対1、また、よりありえそうな見積もりを4.07対1と仮定することにしよう。そうすると、98パーセンタイルの場合と同様の補正によって、表5-2の推定値が98パーセンタイルの場合よりも大きく上昇する。たとえば、表5-2の右上の11歳～13歳の中央値から1SD高い子どもの場合、+6.65の推定値が厳しい補正では+8.96にまで上昇し、よりありえそうな補正では+10.98にまで上昇する。

なお、単語検査の得点が16パーセンタイル（中央値より1SD低い）と2パーセンタイル（中央値より2SD低い）の場合は、中央値より高いレベルの84パーセンタイル（中央値より1SD高い）と98パーセンタイル（中央値より2SD高い）の場合の鏡像として補正すればよい。また、中央値では2つの推定値、つまり+1SDと－1SDに対する推定値を平均すればよい。

5-4　家庭環境の影響力の減少

さて、以上で、家庭環境の影響の加齢に伴う変化を捉える新しい方法の説明はすべて終わりである。そこで次に、家庭環境、すなわち共通環境の影響力が加齢とともに次第に減少し、やがては消失するまでのプロセスを追跡してみることにしよう。表5-3は、表5-2から導き出したもので、単語検査の得点に及ぼす家庭環境の影響力の補正前の推定値［CE(1)］、厳しい補正による値［CE(2)］、もっとありえそうな補正による値［CE(3)］を示している。また、付録Aで述べたように、これらの推定値の意味は専門用語を使って次のように言い換えることができる。家庭環境と子どもの単語得点の間の相関はどれほどだろうか？　IQの個人差（分散）のどのくらいの割合を、家庭環境によって説明できるだろうか？

表 5-3　年齢に伴う家庭環境すなわち共通環境の影響力の減少

単語得点(SDs)	単語得点(pts.)	補正前推定値CE(1)	厳しい補正による値CE(2)	ありえそうな補正による値CE(3)	相関(2)	分散%(2)	相関(3)	分散%(3)	子どもの年齢
+2SD	+30	+6.86	+7.13	+7.45	0.238	5.66	0.248	6.16	11－13
+2SD	+30	+3.29	+3.42	+3.57	0.114	1.30	0.119	1.42	13－16
+2SD	+30	+0.07	－	－	－	－	－	－	17
+2SD	+30	－0.40	－	－	－	－	－	－	18－20
+2SD	+30	－0.27	－	－	－	－	－	－	20－25
+1SD	+15	+6.65	+8.96	10.98	0.597	35.67	0.732	53.59	11－13
+1SD	+15	+4.79	+6.45	7.90	0.430	18.50	0.527	27.77	13－16
+1SD	+15	+3.23	+4.35	5.33	0.290	8.42	0.355	12.61	17
+1SD	+15	+1.87	+2.52	3.09	0.168	2.82	0.206	4.24	18－20
+1SD	+15	+1.17	+1.58	1.93	0.105	1.10	0.129	1.66	20－25
中央値	－	－	－	－	0.530	**28.59**	0.649	**42.92**	**11－13**
中央値	－	－	－	－	0.412	**15.38**	0.505	**23.09**	**13－16**
中央値	－	－	－	－	0.304	**9.21**	0.372	**13.80**	**17**
中央値	－	－	－	－	0.204	**4.27**	0.250	**6.41**	**18－20**
中央値	－	－	－	－	0.186	**2.86**	0.228	**4.29**	**20－25**
－1SD	－15	－5.16	－6.95	－8.51	0.464	21.51	0.568	32.24	11－13
－1SD	－15	－3.90	－5.26	－6.44	0.350	12.26	0.429	18.40	13－16
－1SD	－15	－3.52	－4.74	－5.81	0.316	9.99	0.387	14.99	17
－1SD	－15	－2.66	－3.58	－4.39	0.239	5.71	0.293	8.57	18－20
－1SD	－15	－2.39	－3.22	－3.94	0.215	4.62	0.263	6.91	20－25
－2SD	－30	－6.13	－6.38	－6.66	0.213	4.51	0.222	4.93	11－13
－2SD	－30	－6.06	－6.30	－6.58	0.210	4.41	0.219	4.81	13－16
－2SD	－30	－6.87	－7.14	－7.46	0.238	5.67	0.249	6.19	17
－2SD	－30	－4.71	－4.90	－5.12	0.163	2.66	0.171	2.92	18－20
－2SD	－30	－4.05	－4.21	－4.40	0.140	1.97	0.147	2.69	20－25

表5-3に示されているように、家庭環境によって説明されるIQの分散は、すべての単語レベルにおいて年齢とともに減少する。たとえば+2SDのレベルでは、その影響力は11歳～13歳でもすでにかなり小さく、その後はきわめてわずかである。18歳～20歳および20歳～25歳での推定値がわずかなマイナスになっているが、これは論理的には起こり得ることである。おそらく、非常に優れた語彙力を持つ人が、遺伝的レベルから期待

されるよりも少し質の高い家庭環境で養育されたことが原因ではないかと考えられる。+1SDのレベルでは、家庭環境で説明される分散は17歳でまだ有意であるが、その後は無視できる程度になっていく。中央値では、17歳までは有意であるが、その後、年齢とともに急速に減少し、その後は小さくなる。−1SDでは、18歳〜20歳および20歳〜25歳において家庭環境で説明される分散が有意であるということを除けば、ほぼ同じ傾向である。−2SDでは、家庭環境で説明される分散の割合は11歳〜17歳では5%程度であり、その後無視できる程度になる。

表5-3には、中央値における値が太字で示されている。多くの親族研究では、このレベルの人々が研究対象とされることが多いからである。なお、このレベルは正規曲線の約90%をカバーしている（単語検査の得点が+2SDまたは−2SDの人は、トップの5.45%または底辺の5.45%を占めている）。このレベルにおいても、家庭環境によって説明される分散は加齢に伴って減少する。すなわち、12歳では29%から43%、14.5歳では15%から23%、17歳では9%から14%、19歳では4%から6%、そして22.5歳では3%から4%にまで減少する。

さて、これらの推定値に基づいて、新しい方法の前提となっている仮定について検討することにしよう。すなわち、成熟した大人（40歳〜50歳）では、遺伝的要因とは関係なく、家庭環境、すなわち共通環境の影響力が完全に消失するという仮定である。残念ながらこのデータでは、この仮定が正しいと証明することはできない。したがって、もし何らかの残存効果があるとすれば、それらをすべての推定値に加算しなければならないだろう。しかしながら、家庭環境のIQ分散説明率が年齢とともに急速に減少していることは明らかである。実際、ある年齢段階から次の年齢段階へ移行するごとに、半減しているのである。すなわち、29%−43%（12歳時点）、15%−23%（14.5歳時点）、9%−14%（17歳時点）、4%−6%（19歳時点）、3%−4%（22.5歳時点）と減少しており、限りなくゼロに向かう減少傾向のように見える。この減少傾向は、おそらく25歳以降も続くであろう。したがって、もし20歳代の初めで残存効果があったとしても、おそらく数年のうちに、家庭環境の影響の最後の痕跡が消失するだろう。

意外なことは、家庭環境の影響力が−2SDのレベルではほとんど検出されないことである。すなわち、単語検査の成績がかなり低いレベルでは、どの年齢においても家庭環境の影響力が見られないのである。この結果は、一見すると、環境の影響力はSESが低い場合のほうが高い場合よりも大きくなることを見出したタークハイマー、ハーレイ、ウォールドロン、ドノフリオ、ゴッテスマン（Turkheimer, Haley, Waldron, d'Onofrio, & Gottesman, 2003）の研究と矛盾しているように見える。しかし、おそらく彼らが間違っていることを意味しているわけではないだろう。

私たちが今検討しているのは言葉の環境の豊かさであり、社会経済的環境の豊かさとは関係がない。悲しいことであるが、知的障害（－2SD）の境界域のレベルでは、遺伝子の質と環境の質が一致するのが通例である。つまり、言語発達に障害がある人は幼い頃から知的に遅れている見なされ、周りもそのような人として彼らに対応するだろう。これは驚くことではなく、優れた遺伝子レベルの人の場合も、同様に遺伝子の質と環境の質が一致する。つまり彼らもまた、幼い頃から優れた人と見なされ、周りもそのような人として対応するだろう。

5-4-1 家庭環境と大学入試

家庭環境の影響は大人になれば消えてしまう取るにたらないものであるとして無視する前に、人生の岐路の17歳の時点において、子どもたちの将来を左右する重要な意味があることを指摘しておくことにしよう。なぜなら、17歳時に、アメリカでは大学入学適性を見るSAT（大学能力評価試験）が実施されるからである。ちなみに、アメリカに限らず世界中の多くの国において、同じ年齢の多くの若者が同様の試験を受けている。

単語検査の得点が中央値＋2SDのレベルでは、遺伝的要因と家庭環境を含めた環境との不適合はほとんど見られない。それゆえ、このレベルの「典型」においては、「家庭環境のマイナス効果」を考慮しなくてよい。しかしながら、中央値より1SD高いところでは、遺伝的要因と家庭環境の不適合により、3.23ポイントのマイナス効果が生じることが明らかになった。したがって、もし遺伝的要因と家庭的要因が完全に適合していればIQ118.23になるはずの人が、IQ115にまで低下してしまうのである。

この3.23ポイントの得点差を、SATの読解力の得点差に置き換えてみよう。Mensa（高IQの人々の団体）のデ・ラ・ジャラ（de la Jara, 2012）がIQとSAT得点とを対応づけた表は、私が20年ほど前に作成した対照表と（時間の経過を考慮すれば）ほぼ等しい（Flynn, 1991）。そこで、その表に基づいて＋1SD のレベルでの IQ3.23 ポイントのマイナスを SAT の読解力得点に変換すると、SAT 得点は 567 点でなく、543 点になる（IQ の SD は 15 であるが、SAT の SD は 110）。さて、表 5-4 には、アメリカの主要大学 20 校における SAT の読解力テストの最低点が示されている。大学は最低点を公表していないが、学生の下位 25％を示す得点データがある（Grove, 2012）。この一覧表を見ると、SAT 得点が 567 点あれば UCLA（カリフォルニア大学ロサンゼルス校）からコネチカット大学までの上位ランクの大学に入学可能であることがわかる。しかし、実際の得点の 543 点では、これら上位ランクの大学の受験は許可されず、ミネソタ大学からバーモント大学までのランクの大学の受験が許可されるボーダーラインである。

典型的なマイナスの家庭環境の影響は、実際にはこれより悪いと考えられる。なぜなら補正しない家庭環境の値を用いたため、能力と環境の不適合がプラスに働いた少数者とマイナスの不適合が働いた大多数の者とが混ざっているからである。つまり、有利に働いた者 1 人あたり、不利に働いた者が 4 人以上いることになる。したがって、マイナス効果を SAT の読解力検査の得点に換算すると、実際には 24 ポイントではなく、40 ポイント程度と推定できる。さらに、このマイナス効果を SAT の作文力検査や理数力検査にまで拡大させると、総体的なマイナス効果は 72 ポイントから 120 ポイントにまで拡大するだろう。そして、受験生を持つ親ならば、この数値が喜びと涙を振り分ける決定的な数値であることがすぐにわかるはずである。なお、単語検査の成績は SAT の作文力検査の成績に大きな影響を及ぼすことがわかっている。また、理数力検査の検査の成績に関しては、ウェクスラー知能検査の算数・推論の下位検査のデータを利用して、同様の分析をする必要があるだろう。

表 5-4 は、単語検査の得点が中央値レベルに位置している受験生に対しても、同様の影響があることを示している。このレベルでは、能力と家庭環境の間に平均としての不適合はない。なぜなら、プラス効果の利益を得る人とマイナス効果の不利益を被る人の割合は、1 対 1 になると考えられるからである。しかし、このことが暗に示しているように、このレベルにおいても、半数の人々には家庭環境のマイナスの影響が作用している。

表 5-4 良好でない家庭環境と大学あるいは人生の将来期待（17歳時点）

	単語得点			SAT読解力点	
	遺伝子と共通環境の完全な一致	遺伝子と共通環境の平均的な不一致	IQ得点の不利益（SD＝15）	遺伝子と共通環境の完全な一致	遺伝子と共通環境の平均的な不一致
＋1SD	118.23	115.00	3.23	567	**543**

表記各大学におけるSAT読解力テストの25パーセンタイル値

ブリガム・ヤング大学（ユタ州）	570	デンバー大学	550
ピッツバーグ大学（ペンシルバニア州）	570	**得点 543**	
UCLA（カリフォルニア州）	570	オハイオ州立大学	540
フロリダ大学	570	カリフォルニア大学サンディエゴ校	540
得点 567		デラウェア大学	540
ベイラー大学（テキサス州）	560	メリーランド大学（バルティモア）	540
ベロイト大学（ウィスコンシン州）	560	ミネソタ大学	540
ジョージア大学	560	テキサス大学（オースティン）	540
クレムゾン大学（サウスカロライナ州）	550	テキサス大学（ダラス）	540
フロリダ州立大学	550	バーモント大学	540
コネティカット大学	550	ヴァージニア工科大学	540

中央値	100.00	100.00	(3.38)	440	**(415)**

表記各大学におけるSAT読解力テストの25パーセンタイル値

得点 440		ウェスタンケンタッキー大学	430
コーコラン美術・デザイン大学	440	コロラド州立大学プエブロ校	420
ルイジアナ工科大学	440	ハワイ・パシフィック大学	420
ミシガン州立大学	440	南アーカンソー大学	420
ネヴァダ大学ラスベガス校	440	南コネティカット大学	420
南アラバマ大学	435	ハワイ大学ヒロ校	420
アダムス州立大学（コネティカット）	430	北アラバマ大学	420
東ケンタッキー大学	430	ウィスコンシン大学（ホワイトウォーター）	420
フェアリー ディキンソン大学（ニュージャージー州）	430	**得点 415**	
コロラドメサ大学	430	アーカンサス州立大学	410
カンザスウェズリアン大学	430	アーカンサス工科大学	410

－1SD	**81.48**	85.00	3.52	**299**	325

表記各大学におけるSAT読解力テストの25パーセンタイル値

ダコタ・ウェズレヤンカレッジ	340	**得点 325**	
オクラホマ・パンハンドル州立大学	340	トゥガルー大学（ミシシッピ州）	320
アッパーアイオワ大学	340	**得点 299**	
プレゼンテーション・カレッジ（サウスダコタ）	330	フォークナー大学（アラバマ州）	281

－2SD	**63.13**	70.00	6.87	－	－

単語得点70以下は、基本的な読み書き能力さえ獲得困難

そのため、中央値より1SD高いレベルの推定値と1SD低いレベルの推定値の平均値を用いた。表5-4が示すように、このグループのSATの415という値は、遺伝的要因と家庭環境が適合している場合の440よりも25ポイント低い。この得点では、ミシガン州立大学からサザン・コネチカット大学までのランクの大学に出願できるボーダーラインに届いていない。

単語検査の得点が中央値より下の－1SDに位置している人々の多くは、家庭環境のプラスの影響を受けている。つまり、遺伝的要因に適合する環境よりも良い環境のプラス効果の利益を得ている。そこで、私は家族のマイナス要因を次のように定義した。すなわち、このレベルに典型的な家庭環境のプラスの影響を受けているというより、遺伝的要因と環境が完全に適合している状態。家族環境から利益を得ている人とマイナス効果の不利益を被っている人の割合が4対1程度であったことを思い出していただきたい。また、こうした非利益を被っている人のマイナスの影響は、表が示すよりも数ポイント大きいと見なせる、ということも思い出していただきたい。

単語検査の得点が16パーセンタイルのところに位置する人々は、一般に高等教育を受けるだけの能力はないと見なされている。しかし、誰でも入学可能な開放制の単科大学、短期大学、専門学校（コミュニティカレッジ）がたくさんある。また、いくつかの大学では、25パーセンタイルに位置する学生も受け入れているようである。SAT得点が325の場合には入学できる大学が若干あるかもしれないが、遺伝的要因と環境が完全に適合した場合の299では、入学が許可される大学はほとんどないであろう（開放制の大学を除く）。

単語検査の得点が中央値より下の－2SDに位置している人は、IQ70に相当するので、どんな大学に入学できるかではなく、そもそも基本的な読み書き能力を獲得しているかが問題であろう。IQ70という単語検査の得点は、遺伝的要因と家庭環境が完全に適合している場合、IQが63.13まで減少する。家族環境から利益を得ている人と完全に適合している人の割合は、24～51対1程度と仮定できることを思い出してほしい。単語検査の得点が中央値の－2SD前後の人々はアメリカの人口の約5.45％を占めており、したがってアメリカ国民の少なくとも5％が、基本的な読み書き能力が不足している。このレベルの人々には、彼らの現在の環境にかかわらず、より良い特別支援教育が必要である。

家庭環境が私たちの人生に及ぼす影響力について、これまで人生の岐路である17歳の時点に焦点を当てて検討してきた。しかし、それより低年齢の時点での影響力も決して無視することはできない。たとえば12歳〜14歳の時期に語彙力が不足している子どもは、学校の教科学習で十分に学ぶことができないだろう。また、この時期に本格的な文学作品を読んだことがない人は、大人になっても文学作品を読む楽しさを味わうことなく生涯を終えることになるかもしれない。成熟した大人になるまでに、すべての人が言語の遺伝的要因と適合している言語的環境を享受するという意味でうまくいったとしよう。だがこの恵まれた状態も、子どもの頃からの家庭要因のマイナスの影響を補償しないかもしれない。それは自己効力感や、どんな人と結婚するか、子どもが何を目指すようになるか、さらには一般的な生活の質にも、永続的な影響を与えるだろう。

要するに、遺伝子と環境を完全に適合させることが究極の理想ではないのである。したがって、大切なことは悪い環境を取り除くことであり、可能性を実現していない人々を励まし、すべての人々の環境をできる限り改善し、それぞれの人が自分の人生を十全に生きられるようにすることなのである。

5-5 幸運を創り出す方法

あなた個人についてはどうだろうか？　あなたが成人であれば、すでに家庭環境の影響は消えている。しかし認知的環境に関しては、子どもの頃の生育歴が現在の環境に永続的な影響を及ぼしてはいないとしても、潜在的な影響力はまだ残っているだろう。しかし、そうだとしても、それはそんなに悪いことだろうか？　要するに、私たちには自分史を書き換えるという選択肢はなく、自分が生まれ育った家庭環境を選ぶことはできないのである。しかし、自分の心を条件付ける環境を改変するという選択は可能である。

前述した非共通環境（幸運と悪運）のIQ分散説明率のことを思い出していただきたい。この比率は、生涯を通して25％である。つまり、環境は心に影響を与え続けるということである。21歳を過ぎても、人生にはさまざまな出来事が起きる。徴兵されて軍隊の訓練を受けることになるかもしれないし、育児や離婚や病気などの心労が、心の平穏や考える気力を奪ってしまうかもしれない。あるいはまた、職場で左遷されたり、リストラの憂き目に遭ったりするかもしれない。そして、こうした人生の浮き沈みは、偶然に左右されるのが常である。

しかしながら、私たちは心がけ次第で、自分で幸運を創り出すことができる。なぜなら、私たちの人生に多大な影響を及ぼす現在の認知的環境は、私たちの頭の中にあって、常に持ち歩くことができる心の環境だからである。たとえば現在の能力よりも高いレベルのトレーニングを続けている運動選手のように、自分の知性を鍛えるために心のジムを作り上げるのである。私の恩師であるレオ・ストラウスは、朝起きてから夜寝るまで、政治哲学のこと以外はまったく考えなかったそうである。心の健康のために、これはあまりお奨めできないが、あなたの知性を鍛えるための認知的トレーニングは、是非ともお奨めしたい。それはたとえば、優れた文学書や歴史書を読むことである。あるいは進化や宇宙の不思議について考えることである。現代社会の動向を深く理解するための基本的な道具を身につけるのもよいだろう。つまり、初歩的な経済学的分析をしたり、自然科学や社会科学の最近の研究成果を正しく理解したり、日常生活で見聞きする道徳的または政治的な議論を吟味したりするのに必要となる、批判的思考力や論理的思考力を鍛えるのである（Flynn, 2010, 2012b, 2012c）。

認知的トレーニングを継続していれば、やがて持ち運び可能な心のジムを持つことができるはずである。そうすれば、徴兵されて軍隊に入隊しても読書を続けることができる。制限範囲内であれば、自由に好きなことを考えることもできるだろう（軍隊では自由な思考は反逆の一種と見なされる）。また、たとえ人間関係の軋轢や失業などの逆境に遭遇しても、日頃からトレーニングを続けているランナーがレースで立ち止まることがないのと同様に、試練に立ち向かう気力を失うことはないだろう。

こうした内的な認知的環境の影響は、家庭環境の影響と同様に、実際にデータとして現れるのだろうか？　それはおそらく、能力のレベルや年齢によってさまざまであろう。たとえば、高いレベルの語彙力を持つ人は、低いレベルの人よりも効果的にポジティブな認知的環境を自分で作り出しているかもしれない。これは十分にありえることであり、最も優れた語彙力を持つ人は、よりいっそう挑戦的な内的世界を作り上げるだろう。しかし、彼らはエリートレベルの成人と比較したら有利なのかもしれない。18歳～25歳の若者は、40歳～50歳の成人よりもこの点で優れているはずである。さらに、自律的な認知環境のポジティブな影響が現れるのは、家庭環境のマイナスの影響が消えた後だろう。その前では、家庭環境のネガティブな影響によって打ち消されてしまうだろう。前述の表5-3のデータでは、＋2SDのレベルの18歳～25歳の若者の場合、家庭環境の影響の推定値がわずかながらマイナスの値を示していたことを思い出していただきたい。これはもしかしたら、内的な認知的環境の影響が現れたのかもしれない。

表5-3のデータには、内的な認知的環境の影響がそれほど明瞭に現れていない。しかし、そのことは、自律的な認知的環境の影響力がないことを示しているわけではない。もしすべての人が明日にでも内的な認知的環境の質を向上させれば、次第にIQが上昇するだろう。そして現在よりもはるかに優れた認知的進歩の成果が現れるだろう。残念ながら現時点では、向上に努めている人もいれば、そうでない人もいる。そして、向上に努めている人は一様に、自身の自律性をはっきりと示しているのである。

私たちが個人として達成できることには、遺伝子による制約がある。時代に伴う人類の進歩にも、遺伝子による制約があるのは確かである。それは認知的進歩にも道徳的進歩にも言え、道徳的進歩に関しては、人類の非暴力的行動に対していくつかの制約があるかもしれない。しかし、暴力性を脱却し、心豊かな人生を送るために善を志向する自律性を妨げる制約は何もない。同様に理性を志向し、遺伝子が現在定めているように見えるところを超えて認知的に進歩する自律性を妨げる制約もないはずである。

5-5-1 大学進学と職業志望

個人に関わる議論を終える前に、大学進学と職業選択に関わる有益な情報を提供しておくことにしよう。なお、これは確たる事実に基づく情報であり、あなたが認知的環境の質を向上させることで自分の認知的能力を高めようと努力しているか、それとも遺伝子と通常の環境に制約された現在のIQレベルで満足するかにかかわらず、当てはまることである。

1980年に、ジェンセン（Jensen, p.113）は、高卒者の平均IQを110と推定し、このレベルの高校生が大学を卒業できる可能性は五分五分の確率であると警告している。彼はまた、大卒者の平均IQを120と推定している。大卒者のなかには大学院に進学する学生もおり、彼は博士号（Ph.D）取得者の平均IQを130と推定している。したがって、修士の学位を取得した人の平均IQは約125と考えてよいだろう。なお、彼は1960年に収集されたデータを利用してこの推定を行っており、私たちもこのIQ推定値を今でも利用している。ちなみに私はニュージーランドや海外の研究仲間から、「IQ115レベルの学生が大学院に進学するなんて驚きだ」というeメールをもらったことがある。

これらの推定値は、単に次のことを示しているだけである。すなわち、1960年の時点では、かなりIQの高い人だけが高等教育の恩恵に浴する資格を得ていた。しかしながら、その後の高等教育の大衆化によって、それほどIQが高くない人々も高等教育を受け、高度な認知的能力が要求される専門職や準専門職に就くようになった。表5-4に示されているように、現在ではIQ100の平均的なレベルの人々が、ルイジアナ工科大学からミシガン州立大学やフェアレイ・ディクソン大学まで、多くの大学で十分やっていけるのである。ちなみに、それらの大学に入学した1年生のSAT得点は、25パーセンタイルの上といったところである。

最近の大学では、経済的問題、学習意欲の喪失、健康上の問題などの理由で中退することはあるにしても、それほど多くの学生を退学させることはない。したがって、IQ100レベルでも良い大学を卒業できるし、もっと低いIQレベルでも、頑張れば卒業できる。大学を卒業できるIQの下限はIQ95というのが現在の実態なのである。そこで、標準正規分布の表を用いてIQ95より上を取り出すと、大卒者の平均IQは109になる。また、大学院の事情が昔とそれほど変わっていなければ、修士の学位取得者の平均IQは114と推定できる。こうしてみると、「IQ115レベルで大学院に進学するなんて驚きだ」と私の研究仲間に学力を疑われた大学院生も、実際には114より少し上なのである。

修士の学位取得者の平均IQを114とすれば、大学院に入学可能なIQの下限はIQ103になる（100以下の志願者を除外すれば112にまで上がる）。したがって、大学院進学に関する過去の資料や進路指導カウンセラーのアドバイスに気後れする必要はないことがわかる。平均的なIQレベル以上であれば、志を高く持って、専門職や准専門職を目指せばよいのである。その証拠に、アメリカ人の35%が、実際にそれらの職を得ているのである。

5-6 立証されたIQ上昇

過去には、大学院志望の学生を気後れさせるIQはいくつだったのだろうか？ 修士取得者の平均IQが125だったとすると、その下限は117.6だったと推定できる。これは、時代とともにIQが上昇するという事実について、きわめて重要な情報を提供してくれる。1960年から2010年の50年間に、大学院に入学可能なIQの下限が117.6から103に下がり、その差は14.6ポイントである。その間のIQ上昇はどれくらいだったのだろうか？ WAISの場合、1953年～54年から2006年の間に16ポイント上昇している（表2-5）。この52.5年を50年に減らして換算すると、15.2ポイント上昇したことになる。

これら2つはほぼ同じ数値である。このことは、最近の50年間のIQ上昇によって、専門職や準専門職に就くのに必要なIQの下限が15ポイント低下したことを意味している。つまり、IQ上昇には現実社会における職能レベルにおいて、見返りがあったのである。医師、経営者、銀行家、大学講師、技術者などの専門職や準専門職は、50年前まではIQが15ポイント高い人々の職業であり、このレベルのIQの人々は、もちろん今日にでもこれらの仕事をこなすことができる。そうだとすれば、次のような反論が出るかもしれない。すなわち、それらの仕事は今日ではそんなに認知的要求が高い仕事ではなくなったのではないのかという反論である。しかし、私の医学系の同僚たちは、今日の医師は昔よりも多くの科学についての知識が必要だと言い、商学系の同僚たちは、今日の経営者は幅広い知識に基づく企画力が必要だと言い、経済学系の同僚たちは、今日の投資銀行の銀行家は複雑な知識を駆使する認知的熟達者だと言っている。もちろん私の仕事である大学の研究者も、しっかり講義もし、研究もしなければならないので、昔に比べると非常に多くの知識を持っていないと務まらない。

以上を総括すると、次の結論を導き出すことができる。すなわち、大学や大学院入試の合格ラインが下がったことは、20世紀の認知的進歩が決して幻想ではなく、現実であることを示す最も確かな証拠なのである。

引用文献

de la Jara, R. (2012). How to estimate your IQ based on your GRE or SAT scores. Google "IQ comparison site".

Flynn, J. R. (1991). *Asian Americans: Achievement beyond IQ*. Hillsdale, NJ: Erlbaum.

Flynn, J. R. (2010). *The torchlight list: Around the world in 200 books.* Wellington, New Zealand: AWA Press.

Flynn, J. R. (2012a). *Are we getting smarter?: Rising IQ in the twenty-first century.* Cambridge UK: Cambridge University Press.〔フリン, J. R.／水田賢政・訳 (2015)『なぜ人類のIQは上がり続けているのか？――人種, 性別, 老化と知能指数』太田出版〕

Flynn, J. R. (2012b). *Fate and philosophy: A journey through life's great questions.* Wellington, New Zealand: AWA Press.

Flynn, J. R. (2012c). *How to improve your mind: Twenty keys to unlock the modern world.* London: Wiley-Blackwell.

Grove, A. (2012). College admissions. About.com.guide (search by each state).

Haworth, C. M., Wright, M. J., Luciano, M., Martin, N. G., de Geus, E. J., van Beijsterveldt, C. E., et al. (2010). The heritability of general cognitive ability increases linearly from childhood to young adulthood. *Molecular Psychiatry, 15,* 1112-1120.

Jensen, A. R. (1980). *Bias in mental testing.* London: Methuen.

Jensen, A. R. (1998). *The g factor: The science of mental ability.* New York: Praeger.

Turkheimer, E., Haley, A., Waldron, M., d'Onofrio, B., & Gottesman, I. I. (2003). Socioeconomic status modifies heritability of IQ in young children. *Psychological Science, 14,* 623-628.

付録B（主に専門家向け）

ここでは、本章で述べたことの裏付けを逐次解説する。

●新しい方法の擁護

私が提案した方法を用いて測定すれば、家庭環境の影響は17歳から25歳までに消滅する。これは、親族研究においてIQの全分散に占める家庭環境の影響が消失する時期と一致しており、少なくとも母集団全体を扱う限りそうなる。親族研究では、家庭環境すなわち共通環境の影響はこの時期までに消失するが、非共通環境の影響はその後も残ることが示されているので、この方法は家庭環境の影響だけを測定していると言えそうである。だが本当にそうだろうか。

要するにこの方法は、環境が単語得点をどれだけ引き下げているか、あるいは、引き上げているか、の影響を測定しているのである。では、質が「良くない」家庭環境（98パーセンタイル以下）または質が「良い」家庭環境（2パーセンタイル以上）の外に、単語得点に影響を及ぼす要因として何か考えられないだろうか？

それを明らかにするためには、非共通環境の影響を詳しく分析する必要がある。そして、その非共通環境は、現在の環境が持つ幸運または不運であり、すべての年齢の人々に待ち受けていると述べた。しかしもちろん、これは単なる運ではない。もちろん不可抗力の出来事は運であるが、本書の中で述べたように、私たちは自分のためになるように現在の環境を制御することによって、自分自身の「運」を創り出すことができる。そして認知的能力が、そのための能力に影響するのである。

単語得点の高い人は、成熟し自律的になっていくのに伴って、自分自身で望ましい出来事を創り出すことができる。たとえば、徴兵を逃れ（信念に基づく選択であることを望むが）、無謀運転を避け、さらに豊かな内的認知的環境を創り出すだろう。もしこうしたことが年齢とともにより効果的にできるようになるとすれば、それは、若いときには未熟さのゆえに環境の利点を「利用できない」が、成熟するとともに、それを実現できるようになることを意味している。したがって、単語得点の高い若者に作用する得点を引き下げる力には、「質の良くない」家庭環境で育ったことによるマイナスの影響と若さゆえに「自分自身で幸運を創り出せない」ことの、2つの要因が含まれていると考えられる。一方、単語得点の低い成績の若者の場合も同様のシナリオを仮定することができるだろう。彼らも自分自身で「運」を創り出してゆくのであるが、まずいほうに行ってしまう。たとえば、徴兵され、無謀運転し、貧しい内的環境を創り出す。その一方で、彼らは若いときには社会的制度によって有害な自律性から守られている。それはたとえば、学校の規則や未成年の車の運転を禁ずる法律などである。

私が提案した方法はまた、40歳（他のすべての測定の基準となる年齢）までにこのパターンが定まると仮定している。すなわち、家庭環境の影響は40歳までに消滅する、そして、能力レベル間の自律性のもたらす影響の差は一定となる。後者は、少なくとも中央値より2SD高い若者、中央値より1SD高い若者、中央値、中央値より1SD低い若者、中央値より2SD低い若者の間では、40歳までに、高能力者の作り出す利益と低能力者の生み出す不利益とが年齢とともに一定となることを意味している。そのときまでに、成熟によって、成長する自律性のもたらすレベルの差が確定される。もちろん、実際には個々人ごとに異なるさまざまな幸運や不運が生じるであろうが、それらの個人的な出来事は、集団として統計的に処理することで相殺される。

したがって、私が提案した方法では、2つの要因の影響が混交していると認めなければならない。確かにこの方法では、子ども時代の良い／良くない家庭環境の影響と、自律性（好ましい／好ましくない出来事を創り出す力）の未熟さと関連している、より良い／より悪い出来事の影響の両方を測定しているだろう。しかし、この方法で測定しているものが何であるにせよ、データ全体としては、すべての要因の影響が家庭環境の影響と同時に消滅することを示している。したがって、私が提案する方法は、家庭環境の影響が消滅する年齢を正確に測定しているはずである。しかもこの方法は、より良い標本、より低いコストで、幅広い能力レベル（中央値よりかなり高いレベルから中央値よりかなり低いレベルまでの範囲）を利用して、下位検査ごとに（全体のIQではなく各認知的能力に関して）実施することができるのである。

いくつかの批判に対する私の回答を付け加えておこう。第1に、私が提案した方法だけでなく、少なくとも一般的な母集団に関する限り、親族研究も総じて家庭環境の影響が成熟によって消失することを示している。第2に、家庭環境すなわち共通環境と非共通環境とを区別するのは、それほど難しいことではない。たとえば私の頭の上に何か物が落ちてきて、私の弟には物が落ちてこなかった場合、その出来事が家族内での個人差をもたらす。しかしながら、頭の上に物が落ちる確率はIQが高い家庭よりも低い家庭のほうが多いであろう。したがって、その点でこの確率の違いは、家庭間の違いとなって現れる。つまり、私が提案した方法は、家庭間の家庭の違いとなって現れる限りにおいて、頭の上に物が落ちてくる不運な出来事を捉えることができる。しかし、要因間の混交が存在する限り、私が提案した方法は非共通環境の違いからもたらされる「頭の上に物が落ちてくる」不運の影響を除去することはできない。

最後に、私が提案した方法を全否定する人に対して、次のような反論を提起しておきたい。すなわち、私が提案した方法が「統計のマジック」だと言うのであれば、次の事実を説明できる妥当性のある仮説を提出するべきである。すなわち、私の方法によって見出された結果が、なぜ親族研究の結果と見事に一致するのか？　そのような偶然の一致を生じさせる要因はいったい何なのか？　40歳を基準に用いたとき、高IQ者には不利に作用し、低IQ者に有利に作用する「何か」がIQの全分散から消失する。その何かは、乳児期から成人期にかけて次第に影響力が低下する。それはいったい何なのか？

●家庭環境の影響力に関する推定値の補正

表5-2の数値の意味を説明する際に述べたように、この表に示されている推定値は家庭環境の影響力を過小評価している。そのことについてはこの付録で詳説すると約束した。ここで、補正に用いた実際の数値を求めよう。表5-3は表5-2に基づいて算出されており、家庭環境の影響力による分散説明率、および家庭環境の影響力と単語得点との間の相関係数が示されている。これらの推定値の意味も、以下の説明で明らかになるだろう。

表5-2の推定値は、反対方向に引き合う2つの力の合力であることを思い出していただきたい。すなわち、中央値より上のプラスの推定値は、質の悪い家庭環境の影響が得点を引き下げる大きな力と、質の良い家庭環境の影響が得点を引き上げる小さな力の合力である。そして、プラスの推定値は、対応する成人のレベルにまで高めるために得点を増大させる必要のある、全体としてのハンディキャップの大きさを示している。一方、中央値より下のマイナスの推定値は、質の良い家庭環境の影響が得点を引き上げる大きな力と、質の悪い家庭環境の影響が得点を引き下げる小さな力の合力である。したがって、マイナスの推定値は、対応する成人のレベルにまで引き上げる必

要のある得点をカットできる、全体としての利益の大きさを示している。では、家庭環境と共通環境が打ち消し合わない場合のそれぞれの影響力を、どのようにして推定すればよいのだろうか？　そのための妥当と思われる仮定を提案してみよう。

単語検査の得点が97.73パーセンタイルでは、次のように仮定することができるだろう。まず、家庭環境の質は中央値でスパッと切られているかのように、トップから中央値まで分布していると仮定しよう。+4SD以上の人はごくわずかなので（0.1%）、特に重みづけをする必要はないと考えられる。そこで、トップ2.27%の人々には0～1SD（0.5SDと置く）の範囲で得点を引き上げる力が働くと仮定すれば、その力の大きさは2つの数値の掛け算（2.27 × 0.5）、すなわち+ 1.135と推定できる。同様に13.73%（16 − 2.27）の人々には、質の悪い家庭環境のために0～1SD（0.5SDと置く）の範囲で得点を引き下げる力が働き、その力の大きさは2つの数値の掛け算（13.737 × 0.5）、すなわち− 6.865と推定できる。最後に、34%（50 − 16）の人々には質の悪い家庭環境のために1SD～2SD（1.5SDと置く）の範囲で得点を引き下げる力が働き、その力の大きさは2つの数値の掛け算（34 × 1.5）、すなわち−51.00と推定できる。したがって、得点を引き下げる力の合計は57.865となる。

以上のように、単語得点が97.73パーセンタイルのレベルでは、得点を引き下げる力と引き上げる力の割合が57.865対1.135となり、質の悪い家庭環境と質の良い家庭環境の配分割合は約51対1であると推定できる。これ以降の補正の計算は、下記の方程式によって自動的になされる。表5-2の6.86ポイントを例にとれば、次のようになる（+2SDの11歳～13歳の子どもの場合）。すなわち51x − 1x = 6.86（52）、50x = 356.72、x = 7.13ポイントとなる。この値は、+2SDレベルにおいて実際に作用している家庭環境の影響力の推定値であり、平均への回帰効果と考えられる。したがって、+2SDレベル（平均より30ポイント上）での相関係数を7.13/30 = 0.238と計算できる。なお、相関係数を2乗した値が分散説明率であり、0.238 × 0.238 = 5.66となる。

以上の補正はかなり保守的（厳しい）仮定に基づいている。これは単に家庭環境の影響による得点を引き下げる力と引き上げる力の配分比率が50対1であるとするだけではない。この補正はまた、このエリート集団は、家庭環境の質の分布の中央値からその1SD上までの領域の影響を非常に重く受けているという仮定でもある。これは中央値より上の環境の34%であり、しかも3倍の重みが与えられている（1.5：0.5)。もっと緩やかな仮定に基づけば、環境のカーブはここからすぐ上の領域へと尾を引いているというものであろう（中央値の1SD上から2SDの範囲の13.73%)。これによる得点を引き下げる力は13.73 × 1.5 = 20.595と推定される。

したがって、得点を引き下げる力と引き上げる力の割合が27.46（20.595 + 6.865）対1.135、すなわち24.2対1となる。この緩やかな補正に基づいて家庭環境の影響力の推定値を算出すると、24.2x − 1x = 6.86 × 25.2; 23.2x = 172.872; x = 7.45ポイントとなる。なお、この推定値を30で割った値である0.248が相関係数であり、相関係数を2乗した値である6.16が分散説明率である。保守的な仮定に基づく推定値と緩やかな仮定に基づく推定値に、それほど大きな差が生じているわけではないことに留意されたい。

単語検査の得点が84パーセンタイルでは、次のように仮定できるだろう。すなわち、家庭環境の質は中央値の3SD上（99.865パーセンタイル）から中央値の1SD下（16パーセンタイル）に広がっていると仮定しよう。そうするとトップ2.135%（99.855 − 97.730）の人々には1SD〜2SD（1.5）の得点を引き上げる力が働き、その力の大きさは2つの数値の掛け算（2.135 × 1.5）である+3.2025となる。同様に13.73%（16 − 2.27）の人々にも0〜1SD（0.5）の得点を引き上げる力が働き、その力の大きさは+6.865（13.73 × 0.5）となる。したがって、得点を引き上げる力の合計は10.0675である。一方、中央値より上の34%（50 − 16）の人々には0〜1SD（0.5）得点を引き下げる力が働き、その力の大きさは−17.00である。さらに中央値より下の34%の人々には1SD〜2SD（1.5）の得点を引き下げる力が働き、その力は−51.00である。したがって、得点を引き下げる力の合計は−68である。

以上の仮定に基づけば、単語得点が84パーセンタイルでは得点を引き下げる力と引き上げる力の配分比率は68に対して10.0675、すなわち、6.7544対1になる。そこで表5.2の6.65ポイント（+1SDの11歳〜13歳の子どもの推定値）の補正を行えば、次のようになる。すなわち、6.7544x − 1x = 6.65 × 7.7544; 5.7544x = 51.57; x = 8.96ポイントとなる。この値が+1SDのレベルにおいて実際に働いている家庭環境の影響力の推定値であり、+1SDのレベル（平均より15ポイント高いレベル）における回帰効果と考えられる。なお、相関係数は8.96/15 = 0.597、相関係数の2乗である分散説明率は0.597 × 0.597 = 35.67となる。

より緩やかな仮定に基づく補正をするためには、平均よりすぐ下の範囲の人々の比率が（ほぼ総計84のうちの）34%から16%までになるとし、65パーセンタイルの上下に環境分布が対称的に広がると仮定し、1SD〜2SD（1.5）の得点を引き下げる力が働くとすると、その力の大きさは16 × 1.5 = 24となる。したがって、得点を引き下げる力と引き上げる力の配分比率が41対10.0675、すなわち4.07対1になる。この緩やかな補正によって家庭環境の影響力の推定値を算出すると、4.07x − 1x = 6.65 × 5.07; 3.07x = 33.72; x = 10.98ポイントになる。なお、この推定値を15で割った0.732が相関係数であり、相関係数を2乗した53.59が分散説明率である。

16パーセンタイルと2.27パーセンタイルにおける推定値の補正は、中央値より上の対応するレベルの推定値の鏡像であり、中央値では、中央値より上と下の2つの推定値、すなわち、+1SDと−1SDの推定値を平均すればよい。

6章　凍結された心

1831年に、テノール歌手のギルバート・ルイス・デュプレが初めて高いハの音をファルセットではなく胸声で歌った（Hallpike, 2008）。およそ10万年に及ぶ人類進化の歴史において、遺伝子は彼がこの超絶技巧を極めるのを妨げなかった。しかし遺伝子のこの可能性を開くことになったのは、1400年の多声合唱音楽の出現によって始まった西洋音楽の長い伝統である。そのうち、誰かがマラソンを2時間で走るようになるだろう。私にはそれがどれくらい凄いことなのかがよくわかる。なぜなら私は20歳のときに、代表チームの走者の一人として、1マイル5分程度のペースで3マイル走ったことがあるからである。だから私には、1マイルを4分35秒ペースで26マイル以上走ることがいかに驚異的な記録なのかがわかるのである。

20世紀の数世代の間に、人類が認知的能力の面でも目覚ましい進歩を遂げたことは決して驚くことではない。もちろん、人類の進歩には遺伝子の制約があることは確かである。しかし、人類の進歩の限界がどこにあるのかを知っている人は誰もいない。そのことは歴史的事実が語っている。

しかしながら、遺伝子が発見され、遺伝子の進化には数千年を要することが明らかになったことで、人類の進歩に関する歴史的事実を無視する風潮が生まれた。とりわけ、認知的能力の進歩は凍結されているという強固な考えが生まれた。双生児研究や親族研究によれば、IQや語彙力の個人差は遺伝子によって強く規定されている。また、子どもの時期の家庭環境の影響力は、子どもが成熟するまでには実質的にゼロになるので、その後に環境要因として残るのは、誰にも共通に当てはまる幸運または不運な出来事によるランダムな影響力だけである。こうして、次のような三段論法が導き出された。すなわち、わずか数世代の短い期間で遺伝子が実質的に変化することはない。環境要因の体系的な影響力は実質的には何もないに等しい。したがって、世代につれての認知的能力の向上を示すデータは、実体のないものであるに違いない。

遺伝子の異系交配の影響、劣生学的な遺伝子の再生産の傾向、食生活の改善、出産中のわずかな脳障害などの要因によって、IQ の質に多少の向上または下降は起こり得るかもしれないが、大きな IQ の得点上昇は見せかけであり、おそらくテスト慣れのような要因が関係しているのに違いない。要するに知能のレベルは遺伝によって決定されるので、知能のレベルが低い人々に高等教育の機会を提供することには厳しい制限を設けるべきである。かくして、大学入試や大学院入試の合格ラインが設定され、その合格ラインに達しない多くの人々は、専門職や準専門職を志望するのは無駄だと判定されたのである。

以上の演繹的推論はすべて幻想である。ディケンズ／フリンモデルは以下のことを示している。ある時点での遺伝子の役割と環境の影響力の「弱さ」を捉えても、それは遺伝子と環境の時間的な力動的相互作用を捉えていない。私たちはこの力動的相互作用のことを、社会的増幅器と呼ぶことにした。ある集団の能力の平均値が上昇すると、そのことが新しい刺激となって、個々人の能力を高め、さらなる技能の向上を可能にし、こうして社会的に増幅されていく。私たちはバスケットボールを例に挙げて、社会的増幅器の仕組みを説明した。すなわち、TV の出現とバスケットボール人気の高まりによって社会的増幅器が作動し始め、それまでは不可能だと思われた技能の向上をもたらした。人々はダンクシュートをし、左右どちらでも片手でボールをパスし、シュートし、信じられないくらい華麗に空中で自分の体を制御できるようになったのである。要するに、遺伝子と環境の相互作用の様子が時間を追ってどのように変化するかを捉えることは、ある時点での個人の能力を一次元の尺度上に序列づけることとはまったく異なることなのである。

もちろん私たちの理論は、個人的増幅器の役割を否定しているわけではない。ある時間と場所において他者と競う際には、優れた遺伝子を持っていることが重要である。しかし、遺伝子は認知的能力の序列の特定の位置に私たちを固定し、認知的進歩を禁じているわけではない。私の遺伝子は私がオリンピックで世界記録を出すことを禁じているだろう。しかし、訓練を積んで才能豊かなライバルと競うことを禁じてはいないはずである。

そしておそらく私の遺伝子は、私が研究者として超一流の天才レベルに到達することは禁じているだろう（天才の一歩手前の一流のレベルに到達することさえ禁じているかもしれない）。しかし、私の遺伝子は、私がさまざまな研究テーマに取り組むことを禁じたりはしなかった。そして、それらの研究テーマが私の知性を鍛え、認知的環境を豊かにしてくれたのである。

遺伝と環境に関する理論を構築するのはかなり難しい。それに比べれば「心の進歩は遺伝子によって凍結されている」とする主張を論駁（ろんばく）するのは容易である。歴史上のある時点で遺伝子が受け継いだ潜在的能力は本来、その時代の文化の許容範囲内で発現するものである。したがって、その潜在的な能力が激動する新しい社会的状況においてどこまで進歩するかを予測することは、誰にもできないはずである。また、遺伝的要因と環境的要因の力動的な相互作用が語彙力の個人差にどの程度の影響を及ぼすのかを予測することも、できないはずである。さらに言えば、公教育の年数を2倍に延長することによって国民の認知的能力の水準をどの程度引き上げることができるかを予測することも、できないはずである。もちろん、人類の認知的進歩には遺伝子による制約があるのは確かである。しかし、その制約がどこに設定されているのかを知っている人は誰もいない。それがわかるのは、私たちがあらゆる努力を傾注しても、もうそれ以上は進歩しない壁にぶつかったときなのである。

私は決して、「心の進歩は遺伝子によって凍結されている」と主張する人々は愚かで偏見を持っていると批判しているわけではない。彼らの主張は、それなりにもっともと思える主張である。おそらく激動する時代の真っ只中に生きていると、実際に認知的進歩が起きていることに気づきにくくなるのではないだろうか。そこで20世紀の初頭のアメリカを例にとって、人類の認知的進歩の歴史を検証しておこう。

1900年の時点で、専門職に就いている人はアメリカの人口の3%にすぎなかった。1920年の時点においても、まだ5%であった。そして彼らの高い認知的能力は、多くのアメリカ人にとって畏敬の対象であった。1957年に私が東ケンタッキーで講演をしたときでさえ、私は「博士様」と、畏敬の念に満ちた言葉で紹介された。ところが2010年までに、アメリカ人の15%が高給の専門職に就き、20%が準専門職、すなわち中間管理職または技術スタッフとなった。このような時代がやってくることを、1900

年の時点で誰が想像しただろうか（Carrie, 2012）。また、高等教育の改革によって、20 世紀の後半に成人の単語得点の平均値が 17 点も上昇した。この得点上昇は、中等教育の大改革がなされる前の 1900 年に戻れば、IQ が全体で 34 ポイント上昇したことになる。これは標準偏差の 2.27 倍であり、その当時の 98 パーセンタイルに相当する。つまり、現在の平均的な教育を受けた平均的なアメリカ成人が、100 年前にはエリートだけが用いていた専門用語を駆使して話すようになり、当時は高嶺の花だった高 IQ を越えてしまったのである。これほど急激な認知的進歩が起きることを、当時のアメリカ人の誰が予想していただろうか？

こうした認知的進歩のすべてが、遺伝子の進化なしに実際に生じたのである。私は、今日の平均的なアメリカの成人が 1900 年のエリートと同じくらいに知的になったと主張しているわけではない（Flynn, 2012）。知能という言葉はいささか含意を背負い込みすぎていて使いにくいのであるが、私が主張したいのは、「アメリカの成人の知性は当時の鋳型の中で凍結してしまっているわけではない」ということなのである。彼らは現代のアメリカ社会に適応し、当時の人々が思い描いていたよりも、はるかに高度な教育が可能であることを証明した。20 世紀の認知的進歩の歴史は、未開発な遺伝子の可能性の現実化の歴史だったのである。

次の 2 つの集団には、許容することのできないエリートの偏見があった。第 1 は知識階級のトップにいる知的エリートであり、彼らは普通の人々が自分たちに匹敵するほどの知性を身につけることはありえないと確信していた。第 2 は社会階層のトップにいる人々であり、彼らは庶民が貴族の社会的役割を果たすことは決してできないと確信していた。こうしたエリートの多くは、教育の普及を支持していたが、一般大衆が認知的負担の大きい社会的役割を担えるようになると思っている人は誰もいなかったのではないだろうか。おそらく彼らは、次のように考えていたのである。大衆は良き市民になることはできるかもしれない。たまには天才が出現して、多少はマシなことをするかもしれない。しかし、彼らにできるのは、所詮その程度のことである。

「上流階級」の高慢さは驚くことではない。第一次世界大戦の間、カーズン卿は英国の兵士が入浴をしているのを見てこう言った。「肌の色が白い下層階級がいるとはどういうことだ。私は聞いたことがないぞ」（Blythe,

1964)。下層階級への哀れみは召し使いとして役に立つからだ。さもなければ、これらの奇妙な白い肌の動物たちは、動物園に入れておくしかない。また、1918年にロシアに介入した際に英国のグレイブス将軍は、米国のグローブス将軍にこう告げた。あなたには下層階級の友人がいるという評判を聞いている。しかし、「下層階級の人間は下品な動物以外の何物でもないことを知るべきです」(Melton, 2001)。下層民はくずで、ろくでなしの連中で、田舎者で、農奴であり、我慢ならない愚鈍な野人なのである。

さらに驚くべきは、多くの知識人たちが公教育の普及に強烈な悲観主義で対応したことである。たとえばジョン・ケアリーの『知識人と大衆』(Carey, 1992)の中に、次のような記述がある。バージニア・ウルフとE・M・フォースターの2人は、どちらも成人教育の普及に力を注いだ人たちである。ところが、そのウルフが、独学の労働者について、「みんながよく知っているように」、あの男は、ひとりよがりで、しつこくて、粗野で、攻撃的で、吐き気を催すと言っているのである。一方、フォースターも、教育を受けることを望んでいる事務員に「望みはない」として、まったく共感を示さなかった。あの事務員は多くの金持ちに比べると知性が足りず、健康で愛すべき男だが、田舎者の労働者の典型で、教育など受けずに元の自作農に戻ったほうがよいと。D・H・ローレンス、パウンド、イェーツ、H・G・ウェルズ、ジョージ・バーナード・ショー、T・S・エリオット、オルダス・ハクスリー、イブリン・ウォー、グレアム・グリーンらもまた、一般大衆の特性や能力をばかにしていた。ちなみにケアリーの記述は、時折、個人特性の記述と集団に対する批判が混在しているが、インテリに共通する興味深い特性を見出している。すなわち、彼らの間では、普通の人々が缶詰を好むことはおぞましいことと見なされていたようである。

上流階級とインテリはどちらも、新しい潮流を阻止する側に立っていた。しかし理性化の波は長い時間をかけて進行し、20世紀も例外ではなかった。理性は素晴らしいものである。理性があるレベルに達すると、それより高いレベルに進歩しなくても、その潜在的力を活用できるようになるからである。すなわち、理性の鋭利な道具を磨くことによって(たとえば、数学の表記法)、自ずから新しい領域が開け(道徳的推論)、視野が広がり、新たな問題を認識し、その問題を協同解決できるようになるのである。

人類は数学的に推論するための道具として、数式の表記法を発明した。

その数式の表記法が進歩したことによって、人類の理性化の波が加速した。古代ギリシャの時代、ギリシャ文字による数の表記法は非常に面倒であった。そのため大きな数を表記するためにはアルキメデスのような天才が必要であった。また、計算が非常に難しかったため、アリストテレスは簡単な計算ができることをもって人間の理性の証明と見なした。ローマ数字の発明によって多少は改良されたが、それでもなお計算は難しかった。MMMDCIX を MCCCIV で割る計算をしてみれば一目瞭然である。しかし、その後も数式の表記法は進歩し、デカルトの時代までには、アラビア数字が普及し、代数で累乗の指数の表記が用いられるようになり、等式の記号（=）が「〜は〜と等しい」に取って代わった。ちなみに、代数の表記法として散文を用いていた古代エジプトは悲惨であった。参考までに次の問題を解いていただきたい。ある数にそれ自体を足して、再び足し、再び足し、3つの等しい部分に分け、1つの新たなものが残り、そして1つは3つの等しい部分に分けられる。その元の数は何か？（答えは4である。16/3 = 5 + 1/3）。

ライプニッツがニュートンよりも優れていたのは、微積分学のための表記法であった。同様にファインマンがシュウィンガーよりも優れていたのは、量子力学のための表記法であった。ちなみに、キャッセルズとフリン（Cassels & Flynn, 1996）は、種数が2以上の曲線に関わる問題を解決したのに加えて、表記法を簡単にすることによって、他の研究分野への応用可能性を高めることができた。

20世紀には、先進社会の人々が、道徳性の原理を記述するための「表現法」（表記法）を改良した。そのことによって人々は、道徳性を具象物として取り扱うことから解放された。すなわち、抽象的概念の論理的分析や仮説的推論を行うための新しい心の習慣を身につけたことが、人々の道徳的推論にも影響を与えたのである。このようにして認知的進歩が道徳的進歩をもたらしたことは、大いに歓迎すべき副産物である。今日でもまだ、レイプされた自分の娘を罰として殺したイスラムの父親がいる。しかし、その父親の息子や孫の世代になれば、論理的推論や仮説的推論に基づく道徳判断を行うようになり、道徳的規範を神から与えられたものとは考えなくなるだろう。そして、その父親の子孫の世代になれば、論理的に矛盾する基準を正義の基準として受け入れることはなくなるだろう。また、人種や民族・国家に対する偏見を抱いている人々も、やがては仮説的推論に基づいて道徳的判断を行うようになるだろう。たとえば子育ての際に、親が子どもに「もし妹があなたにそれをしたらどう思う？」と尋ねるようになるだろう。そして親は、「私が黒人やイラン人だったらどうするだろうか？」あるいは、「自分のせいではないのに犠牲を払わなくてはならないとしたら、どうするだろうか？」と自問自答するようになるだろう。

要するに、攻撃的衝動の「飼いならし」によって、人は次第に穏和になってきたが、20世紀の認知革命がそれを強力に後押ししたのである。暴力によって優位に立つことや仕返しをすることが減少すれば、人道的な道徳規範を受け入れやすくなるだろう。人道的な道徳観を持っている人は、もしその人が平和を愛好し自己統制ができれば、人道的な道徳観に基づく言動を示すだろう。つまり、道徳性と理性の間には、相補的な関係があるのである。

今世紀は人類の進歩を根底から覆しかねない問題を抱えている。私たちはそれらの問題にすぐにも遭遇するかもしれない。私たちが直面している問題の１つは、地球規模の気候変動である。この問題に対処するために、私たちは人道的な道徳規範に基づいて行動する必要はない。理性的な自己利益の追求がなされるだけで十分であり、それさえあれば、発展途上国の経済成長を支援するという愛他主義も存続しうるだろう。つまり、世界各国の政治的・経済的思惑が交錯して膠着状態に陥っている現状を打開するためには、単に理性的判断を行えばよいのである。幸いなことに、現状を打開できる可能性のある有望な対応策がある。そのために必要なのは、新しいビジョンを持つことである。その１つは、ソルターの提案を採用し、海上から海水を雲に向けて噴霧して太陽光線を遮ることである。そのようにして地球の気温を下げ、その間にレーザー光線やプラズマによる核融合の技術を開発するのである。そのためには、こうしたクリーン・エネルギーを開発するための研究資金を提供することが重要ある。したがって今求められていることは、これらのビジョンができるだけ早く現実になることである。

しかしながら、私たちが思い描くビジョンだけでは足りないことを歴史は示している。そのビジョンを好意的に受け止める多くの人々の合意が必要であり、そのためには、人々が国境の垣根を越えて考えたり、話したり、書いたり、コミュニケーションしたりする世界、すなわちピンカーの言う「文芸共和国」の成立が不可欠なのである。奴隷制度の廃止は、世界中のほとんどすべての主要な思想家の間で奴隷制度は擁護できないという合意が成立したときに、初めて実現した。地球規模の環境問題も、同様に世界に知識人の合意が必要である。しかしながら、新しいビジョンを描ける世界の知識人は、いったいどこにいるのだろうか？　専門分野ではないと言って問題を無視し、米国人に拳銃を持たせないようにするのを陰謀としか見ない人々との論争を、少数の専門家に任せてしまってよいのだろうか。

国家間の大量破壊兵器の広がりとその私物化（テロリスト集団の手におちる）もまた、大きな脅威である。平和を保障する規範、すなわち、武力を行使して領土を広げてはならないという規範は、特に中東では今なお脆弱である。イスラエルの知識人は、ヨルダン西岸への入植が規範に反することになるかどうかに関して合意に至らなかった。言うまでもなく、イスラム諸国の知識人は、熱狂主義を煽る神話をなくし（大量虐殺の否定など）、認知的進歩と道徳的進歩を進展させるために、あらゆる努力を傾注するべきである。それにはまず、伝統的な教育を近代教育に転換すること、未熟な道徳的推論を成熟した道徳的推論に転換すること、そして、女性の地位向上を図ることである。

以上のようなさまざまな難問を解決し、人類がさらなる進歩をし続けられるかどうかは、何とも言えない。重要なことは次の三戒を守ることである。十戒よりは多少易しいだろう。すなわち、環境を保全せよ、社会の底辺で生きる人々の向上心を見捨てるな、隣人の土地を欲しがるな、である。この三戒を守るためには、立ち止まり、振り返るための時間をとり、それから行動を起こすことである。多少の知恵と決断力と自己統制力があれば、私たちは驚くほど平和で住みやすい世界を作ることができるだろう。確かなことはただ1つ、私たちは遺伝子の責任にすることはできないということである。なぜなら私たちが危機に直面したときに、遺伝子は愚かな選択をするよう指示してなどいないからである。そして、劣生学的交配の問題は、付随的で些細な問題にすぎない。

人類の未来に何が待ち受けているにせよ、私たちは人類がこれまで絶えず進歩し続けてきたことに誇りを持ってよい。私たちは、今ここに生きている現代社会を当然のこととして受け止めている。しかながら、人類がここまで到達したことは驚くべきことなのである。私はインターネットや空の旅や臓器移植などの科学技術の進歩のことを言っているのではなく、人類の認知的進歩と道徳的進歩のことを言っているのである。全体主義体制は「新しい人間」を作り出すことはなかった。しかしながら高らかな宣言などなくても、社会という力がその歩みを進めた。かつて上流階級は自分たちの能力を過信していたので、一般大衆が上流階級の社会的責任を担えるほどの知的水準に到達することはありえないと考えていた。しかし彼らは間違っていた。キップリングが言ったように、「大佐夫人もジュディ・オグラディ（売春婦）も、一皮剥けば同じ人間」なのだから。

引用文献

Blythe, D. (1964). *The age of illusion.* Boston, MA: Houghton Mifflin.

Carey, J. (1992). *The intellectuals and the masse: Pride and prejudice among the literary intelligentsia, 1880-1939.* London: Faber.

Carrie, A. (2012). *Occupation change: 1920-2010. Weldon Cooper Center for Public Service.* 〈http://statchatva.org/2012/04/06/occupation-change-1920-2010/〉 Note: The 1900 census did not use the same system of classification. However, Carrie put 1920 at 5% professionals and 1910 was 4%. Durand, E. D., & Harris, W. J. (1999). *Population 1910: Occupational statistics (United States Bureau of the Census).* New York, NY: Norman Ross (Table 14). Therefore. I put 1900 at 3%.

Cassels, J. W. S., & Flynn, E. V. (1996). *Prolegomena to a middlebrowarithmetic of curves of genus 2.* Cambridge UK: Cambridge University Press. (London Mathematical Society Lecture Notes Series 230).

Flynn, J. R. (2012). *Are we getting smarter?: Rising IQ in the twenty-first century.* Cambridge UK: Cambridge University Press.〔フリン, J. R.／水田賢政・訳 (2015)『なぜ人類のIQは上がり続けているのか？――人種, 性別, 老化と知能指数』太田出版〕

Hallpike, C. R. (2008). *How we got here: From bows and arrows to the space age.* Central Milton Keynes, UK: AuthorHouse.

Melton, C. K. W. (2001). *Between war and peace: Woodrow Wilson and the American expeditionary force in Siberia, 1918-1921.* Macon, GA: Mercer University Press.

訳者あとがき

本書は、James R. Flynn, *Intelligence and Human Progress* Elsevier, 2013 の全訳である。

著者のフリンは政治哲学・道徳哲学が専門であるが、知能の問題に関心を持ち、心理学者として「フリン効果」(つまり、人類の知能は産業化・情報化とともに向上していることを知能検査の標準化の際のデータに基づいて実証した)で著名である。1934年生まれで、ニュージーランドのオタゴ大学政治学の名誉教授。本書にあるように、元々はアメリカ生まれである。

その背景から、本書のような一般向けの著作でも独自の特徴がある。一つは徹底した実証に基づくということだ。知能検査は20年に1回程度、問題が時代に合わせて改訂され、少なくとも数千人のデータで標準化がなされる。その際、時代を追って得点が上がることが通例なので、改めて平均が100点になるように問題内容を難しくする作業がなされる。フリンはその点に着目し、時代変化を明らかにした。かなりややこしい統計操作が入るので、それは本書では付録で述べられている。

第二は、幅広い歴史的政治経済的知見が議論の随所に見られることだ。知能得点が上がったとして、フリンはその理由を社会で知的な仕事が増えたからだとしている。それは19世紀後半から20世紀全般での幅広い知識を動員して、「社会学的」説明を行っている。確かに遺伝はその人の基本的知能のあり方を決める。だが、結果としてのその人の知能つまりは思考の水準は実は、その知能の傾向(これは遺伝と小さい時期の環境で規定される)に見合った環境をその人が意識せずに選んでしまうからだ。本書の例にあるように、背が高くて運動が得意なら(アメリカでは)バスケットボールをやって、たくさんの経験を積むから、ますますそういう運動が上手になる。しかし、一定の知能の傾向であっても、その環境として多少ともその傾向より高いものが用意され、その環境を生かすように手助けがあれば、どの人であれ、その知能は幼少期から成人期に至る間に伸びていくのである。それがまさに教育であり、また知的な仕事の機会である。

第三は、その議論の政治的社会的意義を明確にして、強いメッセージを送り出していることだ。知能の専門家の中には、人種や階層や男女や文化によって知能が本来的に異なるのだと議論し、実証したと称する人たちが少なからずいた。それを一つ一つ証拠を吟味し、論駁し、そういう集団差には根拠がないこと、主には社会の産業化と情報化により、抽象的仮説的な思考の習慣が求められるようになることで決まってくるのだと論じている。リベラリズム（自由主義）と民主主義の信念が、人類が平等で豊かになるべきだし、なってきつつあるのだというメッセージとして語られている。（なお、この点は、著者の友人でもあるというピンカーの『暴力の人類史』が何度も言及されている。）

本訳書はまず無藤と白川が共同で訳を行い、次に森が心理統計の専門家でもあるので、統計処理を含めての総点検を行った。さらに、新曜社の塩浦さんには細かい訳文のチェックをしていただいた。さほど厚くない一般向けの図書であるが、そのメッセージをぜひ多くの人に読んでもらえれば幸いである。

索　引

著者紹介

James Robert Flynn（ジェームズ・ロバート・フリン）
1934年ワシントンDC生まれ。1950年代初めにシカゴ大学で数学と物理学を学んだ後、ケンタッキー大学、ウィスコンシン大学で哲学を教えたが、マッカーシズムが吹き荒れていたアメリカを去ることを決意し、1963年ニュージーランドに移住。オタゴ大学政治学名誉教授。知能研究、とりわけ本書にも述べられている「フリン効果」で世界的に知られる。邦訳書に本書のほか、『なぜ人類のIQは上がり続けているのか？』（太田出版）がある。

訳者紹介

無藤　隆（むとう　たかし）
東京大学大学院教育学研究科博士課程中退。聖心女子大学、お茶の水女子大学を経て、現在白梅学園大学子ども学部教授。専門は発達心理学・幼児教育。主な著書に『現場と学問のふれあうところ』（新曜社）、『幼児教育のデザイン』（東京大学出版会）などがある。
　本書は、知能検査の実証データに基づきながら、人類の知的向上の証拠を見いだし、熱いメッセージを語っています。

白川佳子（しらかわ よしこ）
広島大学大学院教育学研究科博士課程後期修了、博士（教育学）。長崎短期大学、鎌倉女子大学短期大学部を経て、現在共立女子大学家政学部教授。専門は臨床発達心理学、教育心理学，保育学。主な著書に『21世紀の学びを創る』（共編著、北大路書房）、『保育の心理学Ⅰ』（共編著、中央法規出版）などがある。
　従来の知能研究では、一卵性双生児の知能が正の相関を示したという研究結果から、知能は遺伝的要因が強いとされてきましたが、本書では「個人的増幅器」という新しい考え方を用いて環境的要因の重要性を明らかにしています。

森　敏昭（もり　としあき）
広島大学大学院教育学研究科博士課程中途退学。文学博士。広島大学を経て、現在岡山理科大学教授。専門は認知心理学、教育心理学、学習科学。主著は『心理学のためのデータ解析テクニカルブック』（共編著、北大路書房）、『グラフィック認知心理学』（共著、サイエンス社）など。
「人類は遺伝子に100％縛られているわけではない。だから人類には、今後も認知的進歩と道徳的進歩を継続することで、豊かな未来を創り出す自律性が25％は残されている」というフリンの前向きな世界観・歴史観・人間観に、大いに勇気づけられました。

新曜社

知能と人間の進歩
遺伝子に秘められた人類の可能性

初版第1刷発行 2016年6月15日

著　者　ジェームズ・ロバート・フリン

訳　者　無藤　隆・白川佳子・森　敏昭

発行者　塩浦　暲

発行所　株式会社　新曜社
101-0051　東京都千代田区神田神保町 3-9
電話 (03)3264-4973(代)・FAX (03)3239-2958
e-mail：info@shin-yo-sha.co.jp
URL：http://www.shin-yo-sha.co.jp/

印　刷　星野精版印刷
製　本　イマキ製本所

ISBN978-4-7885-1482-9 C1011